時計の科学

人と時間の5000年の歴史

織田一朗　著

ブルーバックス

装幀／芦澤泰偉・児崎雅淑
カバー写真／ブレゲ・ブレゲブティック銀座
目次・本文デザイン／齋藤ひさの（STUDIO BEAT）
本文図版／さくら工芸社

はじめに

昨今、「遅刻の理由」を時計のせいにする人はあまりいないでしょうが、１９７０年代頃までは一般的な理由でした。待ち合わせに遅れた方が、「ちょっと時計が遅れていたもので、電車に乗り遅れてしまって、すみません」などと謝ると、相手も簡単に理解してくれる状況でした。

当時の腕時計の精度は、一部の高級品は別として、1日に15～20秒も誤差が出るので、1ヵ月も時刻を補正しないでいると、4～5分もずれることは当たり前でした。したがって、多くの人が腕時計をわざと進めて使い、待ち合わせでは相手の時計の誤差も考慮して、5～10分の余裕をもって行動していました。時計メーカーも、「精度を維持するのは、ユーザーの役目」としていましたので、「(週初めの)月曜の朝は、時計の時刻を確かめましょう」などと、CMで呼び掛けていたのです。

ところが、最近では「時計が遅れていた」と言うと、「電池切れですか？　電波時計を使っていないのですか？」などと、ことは大事になってしまいます。

目覚まし時計の精度は、もっと酷いものでした。目覚まし時計には製造コストの安い機械体が使われていたこともありますが、時間精度の保証が1日で30秒程度だった上に、アラームを鳴らす精度が相当に粗かったのです。アラーム機構は原始的な機械式で、「時針」と一体で回る歯車の突起部と、「アラーム時刻の針」と一体で回る歯車の穴が一致すると、突起部が上から下に落ちてアラームが作動する仕組みです。したがって、実際のアラームが作動する誤差は、歯車の緩慢な動きを反映して、数分から十数分になります。これに、歯車の「遊び」に起因する精度誤差が加わるので、一般的な目覚まし時計のアラーム誤差は20〜30分ほどにもなりました。仮に誤差が30分だとすると、アラーム時刻を6時にセットしても、実際に鳴るのは、5時30分から6時30分の間になります。

しかも、アラーム時刻をセットするのはアナログの針(「目安針」)で、文字盤下面に配された目盛りを頼りにするのですが、針は小さく、かつ短くて、目盛りまでに達しないため、「目分量」になります。そのため、セットによる誤差もかなり生じます。

したがって、賢いアラーム時刻のセット方法は、初日に実際に鳴った時刻を参考にして、翌日から目安針の位置を微調整することでした。

そして、目覚めの悪いユーザーにとって深刻なのは、安い機種ではアラーム音を発するためのゼンマイが時計を駆動するゼンマイを兼ねているため、アラーム音が鳴っている内に起きないと、時計自体が止まってしまうことです。そのため、目覚めてみれば、「アラーム音は聞こえず、時計も止まっていた」との結果も起こります。この因果関係に気づかないユーザーは、「時計が止まっていたために、アラームが鳴らなかった」と思い込むのです。なかには、ゼンマイを2丁装備し、機能を分けた時計もありましたが、価格は高くなり、売れ行きは限られていました。

一方、時計メーカーにとって厳しいのは、当時の掛け時計が7000〜8000円もするのに対して、目覚まし時計はアラーム機構がプラスになり、むしろ部品点数が多いにもかかわらず、売れ筋価格帯が2000円前後にとどまっていたことでした。当時の日本人の生活では、布団で眠る習慣が一般的で、朝起きると、目覚まし時計はタンスの上に片づけられてしまうため、1日に1回しか使わないものに、高い出費はもったいない、との意識が働いていたからです。

その傾向は顕著で、2000円を切ると店頭からの売れ行きは良いのですが、3000円を上回るとたんに売れ行きは悪くなるため、メーカーは時間精度面で妥協せざるを得ないという事情がありました。

当時の時計は機械加工でつくられており、すべての部品は一点ずつ、切削《せっさく》かプレス（型押し）で加工されるため、時間精度を上げるには、部品ごとの加工精度を高める必要があるのですが、コスト面で無理だったのです。歯車だけとっても、一般的な時計には3〜4枚が使われていますが、小さな真鍮《しんちゅう》の円盤の円周に、切削加工で40〜50回も精確な切り込みを入れなければなりません。安いコストで部品をつくるには、なるべく手間を掛けず、短時間で仕上げることが求められていたのです。もちろん、精密機械の海外での生産はありませんでした。

しかし、消費者はそのような事情を知る由もなく、目覚まし時計は「当てにならないもの」の代名詞にされていたのです。

ところが、1970年代にクオーツ（水晶）時計が普及すると、状況は一変しました。時刻修正を3〜4ヵ月怠っていても、誤差は1分にも満たず、時計は正確なことが当たり前になりました。

目覚まし時計の進化は、さらに大きいものでした。クオーツ時計の時間精度は、安い機種でも1ヵ月で最大30秒程度にとどまり、電子技術の活用でアラーム精度は誤差ゼロになりました。アラーム時刻を数字を使って1分単位でセットできるだけでなく、作動のズレがなくなったからです。もちろん、電池はエネルギーが十分なので、アラームが20~30分鳴っても、いきなり止まるようなことはありません。

しかも、クオーツ時計のコストダウンと、合成樹脂（プラスチック）の精密加工技術の確立で細かい歯車がプラスチックの成型加工で簡単にできるようになったことにより、製造コストは格段に安くなりました。1000円程度でも、正確で使いやすい目覚まし時計を手に入れることができるようになりました。

しかし、このようなことが実現した背景には、4000~5000年に及ぶ時計の歴史の積み重ねがあります。正確な時計をつくるために、時代の優秀な科学者や技術者が、英知と最先端技術を駆使して、未知への挑戦を試みたのです。

さらに、クオーツ式を超える「誤差3000年に1秒以内」などという原子時計の開発によって、人類が「絶対的に正確である」と信じてきた地球の自転に誤差とブレがあることを発見し、時間の概念が一変しました。

それでもなお科学者たちの「精度の追求」は止まりません。原子時計を改良し、「2000万~3000万年に1秒以内」の精度でも驚かなくなりましたが、今や研究開発の目標は、「300億年に誤差1秒以内」の光格子時計に向かっています。300億年という時間の長さは、宇宙の歴史138億年を超えるもので、天才物理学者アインシュタインが唱えていた「相対性理論」を実感できる世界です。

本書は、5000年に及ぶ時計の歴史と、将来の時計までを1冊に収めようという欲張った企画です。そこで、読者の皆さんに、ぜひ頭に入れておいていただきたいことは、時計には必ず、
①駆動するエネルギー源
②時間信号源となる規則正しい振動（サイクル、リズム）
③時刻の表示機構
が必要であるということです（次頁の図参照）。
では、時と時計の真理、真実を見つける旅に、出発しましょう。

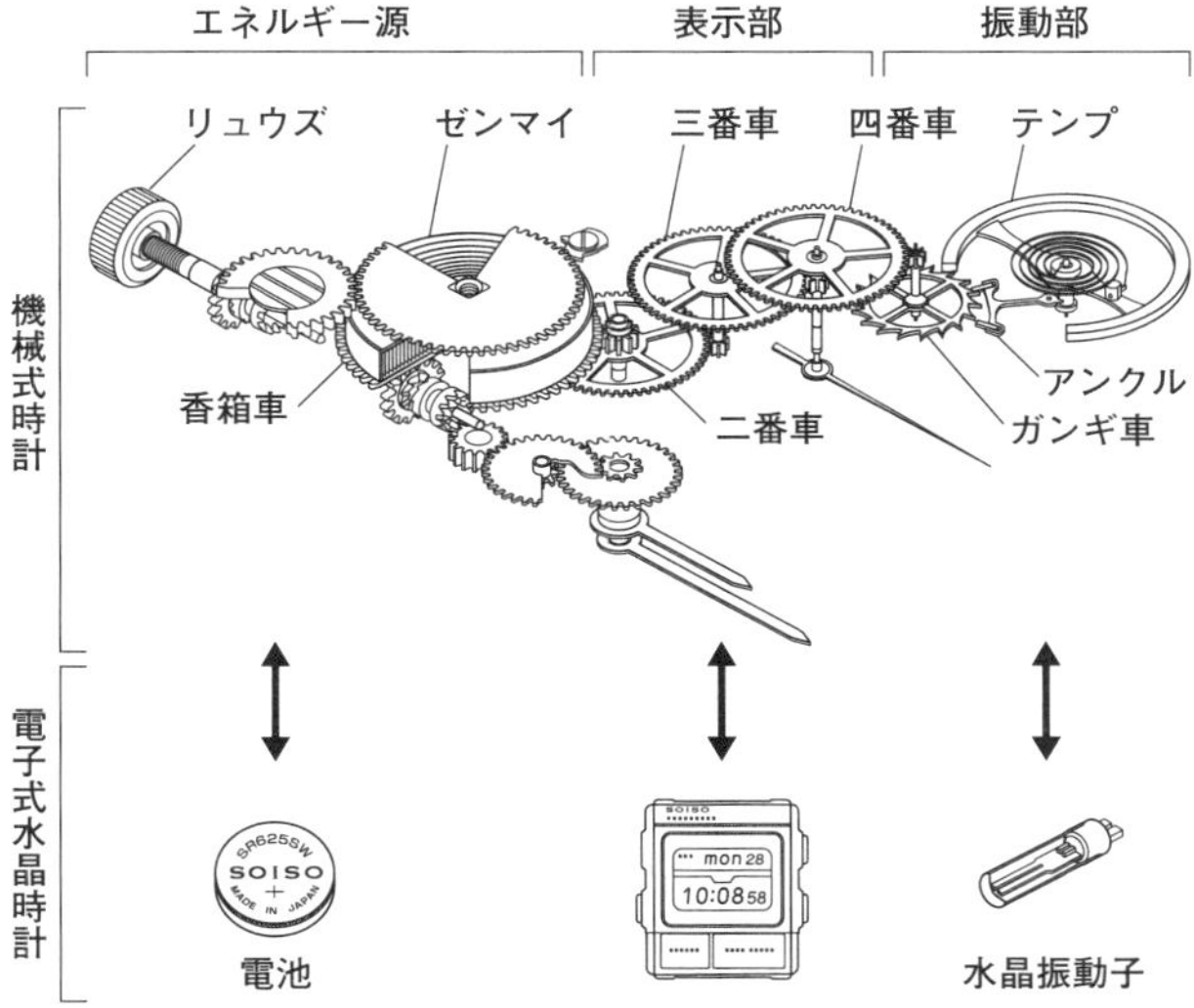
エネルギー源
表示部
振動部
リュウズ
ゼンマイ
三番車
四番車
テンプ
機械式時計
香箱車
アンクル
二番車
ガンギ車
電子式水晶時計
SR625SW
SOISO
MADE IN JAPAN
電池
SOISO
mon 28
10:08 58
水晶振動子

時計の基本的な要素

時計の科学 もくじ

第3章 腕時計の誕生

第4章 電子技術で誕生したクオーツ、デジタル時計 127

第5章 超高精度時計と未来

第1章

時間の発見

人類初の時計は日時計

初めて「時間の存在」に気づいた人は、本当に素晴らしいと思います。何しろ、「見えないもの」の「存在」を解き明かしたのですから。

人は「太陽の動きにつれて、木や岩の影が長さや方向を変えていくのを見て、時間の存在に気がついた」と言われています。時間がどうやって発見されたのかは、後人たちの推測の域を出ませんし、ましてや「最初に気づいた人」を特定することもできませんが、凄い知能だと思います。

人類が初めてつくった時計は、日時計（**図1－1**）だと言われています。暦とともに、チグリス・ユーフラテス川流域に生まれたメソポタミア文明や古代エジプトの文明に、その痕跡が見つかっているからです。メソポタミア文明では、紀元前1万年頃から農業が行われており、人々は自然の変化や季節に深い関心をもっていました。いつごろ種を蒔くのが良いのか、いつごろ収穫するのが収穫量を最も増やせるのか、冬の用意をいつごろから始めれば間に合うのか、自然や季節の変化は生命や生活に密接にかかわっているからです。ちなみに、古代エジプトの壁画に日時計が描かれた最古の時代は、紀元前4000～

図1-1　さまざまなタイプの日時計　左上から時計回りに、コマ型日時計、垂直型日時計、半球面型日時計と携帯用日時計（写真提供：セイコーミュージアム）

紀元前３０００年です。

古代の人々にとって、時の変化の経緯を知る上で重要な手掛かりになったのは、月の相でした。月は約30日（正しくは約29・５日）の周期で満ち欠けを繰り返し、それが12回続くと同じ季節が巡ってくることを経験的に学んでいたのです。このような知識の積み重ねが、天文学への糸口になったのでしょう。

メソポタミア文明を築いたシュメール人は、30日を１ヵ月とする暦を使っており、１日を12時間、１時間を60分、１分を60秒で構成する時刻制度の概念をつくりあげました。また、紀元前３０００年頃のピラミッドには、昼と夜をそれぞれ12分割していたという記録が残されています。

当初の日時計は、地面に垂直に立てた「柱型」が一般的で、日影棒（グノモン）の方角と長さで、大まかな時を読み取る程度でしたが、円盤の中心部に棒を差しそのまま地面に立てかけたような「コマ型」、建物の壁面などに垂直に設置する「垂直型」、持ち運べるように簡素化された「携帯用」などさまざまなタイプがあります。

日時計は科学知識を学べばどこでも設置することができるだけでなく、保守点検などの必要もないケアフリーなので、世界中に広まり、中近東、ギリシャ、ローマなどで、さらに発展します。天文学や（時間論を含む）哲学が発達していたギリシャでは、紀元前４世紀に、哲学者として有名なプラトンがアテナイ郊外で時刻に加えて、天体の位置を表示する天文時計をつくりました。同じ頃、マケドニアの将軍パルメニオンは太陽の動きにつれてグノモンを動かして表示時刻を修正する日時計を考案しています。ローマでは２世紀に、プトレマイオスがいくつかの惑星の動きを時刻に連動して表示する天文時計を完成させています。

また、地球の重力を発見した物理学者アイザック・ニュートン（１６４３〜１７２７年）は、室内用の日時計を考案しています。小さな鏡は太陽の光を反射すると、壁に光の点を映し出すことを応用し、自宅の南に面した部屋に鏡をセットし、毎日同じ時刻に投影される光の位置を記し、１年がかりで天井と壁に文字盤をつくり上げました。「グノモンを使わない日時計」なので、画期的なアイディアに見えますが、時刻が分かるのは１日１回の決まった時刻だけなので、これが「時計」と呼べるかは、はなはだ疑問です。

一見、ラフな精度しか期待できないように見える日時計ですが、設置場所の緯度経度を正確に割り出し、グノモンの角度を調整すれば、表示する時間誤差を30秒以内に追い込むことが可能です。ただ、日時計はあくまでも設置場所の地方時を「不定時法」（季節性を前提に昼間と夜間をそれぞれ6等分する時刻制度）で表示するもので、現代では当たり前になっている「定時法」（季節に関係なく、1日を24等分する時刻制度）による国の標準時との時間差は埋められません。

いずれにせよ、日時計に対する人類の愛着は強く、1300年頃に欧州に機械式時計が出現したあとも、しばらくは併用されたほか、日時計の仕組みを理解するための科学の心や、宇宙へのロマンを求めて、現代でもモニュメントとしてつくられています。

場所を選ばない水時計

日時計は素晴らしい発明でしたが、生活に組み込まれるにしたがって、人々は欠点を痛感するようになりました。日光の十分でない場所や時間、つまり、天空を望めない屋内や、夜間の時間帯、曇天の日には、まったく機能しないからです。

そこで、人類が考え出したのが水時計です。原理は、同じ穴から流れ出る水の量は、時間当たりで一定であることを応用したものです。これも古代人の誰かが、水滴を観察しているうちに、時間と水の量との間に関係を見つけて、時計に応用したのでしょう。基本原理は簡単なのですが、容器の形や溜まっている水の量で水圧が変わり、排出される量が変

図1-2　現存する最古の水時計（カイロ博物館所蔵、写真提供：セイコーミュージアム）

わってくるために、正確な水時計をつくるのは結構難しいことです。

現存する最古のものは、紀元前1400年頃のエジプトでアメノフィス王のためにつくられた水時計（カイロ博物館所蔵、**図1-2**）です。内側に目盛りを記した土器の底に穴をあけ、溜まっている水の水面の位置にある目盛りで「時」を読み取る仕組みです。日没とともに、あらかじめ決められている位置まで水を満たし、夜間の時間を計ったものと推察されています。

ただし、水時計は保守管理に人手が掛かることが難点です。まず、エネルギー源となる水を、かなりの頻度で補給しなければなりませんし、排水溝が詰まらないように管理することが不可欠です。また、時間の経過を計ることには適していますが、そのままの状態では時刻を読み取ることはできないので、注水を始める時刻を日時計などで確認して計測を始めるか、経過時間を時刻に換算・表示する工夫が必要です。

かつては、「時間は神のもの」と考えられていたため、日時計を管理していたのは僧侶たちでしたが、ギリシャ時代になってからは科学者たちに委ねられるようになります。ギリシャでは紀元前4世紀にプラトンが水時計をつくったのを発端として、科学者たちは当時の物理学、天文学などの科学を駆使し、水時計の改良に取り組みました。アレクサンドロス時代には水量を調整するために83個の穴を持ち、サイフォン、ポンプや圧縮空気などまで採用した大型の水時計がつくられています。

ちなみに、ローマ時代には、裁判の場で水時計が用いられました。検事、弁護人の持ち時間を平等にすることで公正を期したのですが、悪徳弁護人に買収された役人が時計係についた場合には、瓶の中に泥を入れ、意図的に水の流れを遅くすることもあったようです。

その後、水時計は世界中に広まっていきますが、中国では「漏刻《ろうこく》」と呼ばれる時計が発明されました。水が水槽や桶に注入されたり、流れ出たりすることによって、水面に浮かせた矢羽や人形が時刻目盛りを表示する仕組みです。３０００年前の周代には既に使われていた形跡がありますが、後漢時代（25～２２０年）に、貯水量の減少に伴う誤差を補正するため水槽を２段に、６１８～９０７年の唐代には水槽を４段にするなどの改良が加えられ、精度の点でも大幅な向上が見られました。

なかでも注目されるのは、北宋時代の元祐年間（１０８６～１０８９年）に、首都の開封（現河南省）に建設された水運儀象台《すいうんぎしょうだい》（**図1－3**）で、建物の高さは、天文観測施設を含めると12メートルにもなりました。儀象台では、天文観測施設の渾天儀《こんてんぎ》（星を観測する当時の天体望遠鏡）で正確な太陽の南中時を観測し、それをもとに時計をコントロールします。

時計部の仕組みは、まず水を汲み上げ「平水壺《へいすいこ》」に流し込みます。２段になった「平水壺」は、水時計の原理が働き、下の段の壺から水を「枢輪《すうりん》」と呼ばれる水車に流します。「枢輪」は一定量の水流と上部の「脱進機構（水流から得られるエネルギーを時計に必要な振動数に調整する機構）」により、24秒に10度ずつ回り、１日に正確に１００回転します。つながっている「昼夜機輪《ちゅうやきりん》」の円盤を歯車で減速し、１日に1周させます。「昼夜機輪」は５層の「木閣」で構成され、５層の周りに１６２体の人形が配置されていて、人形

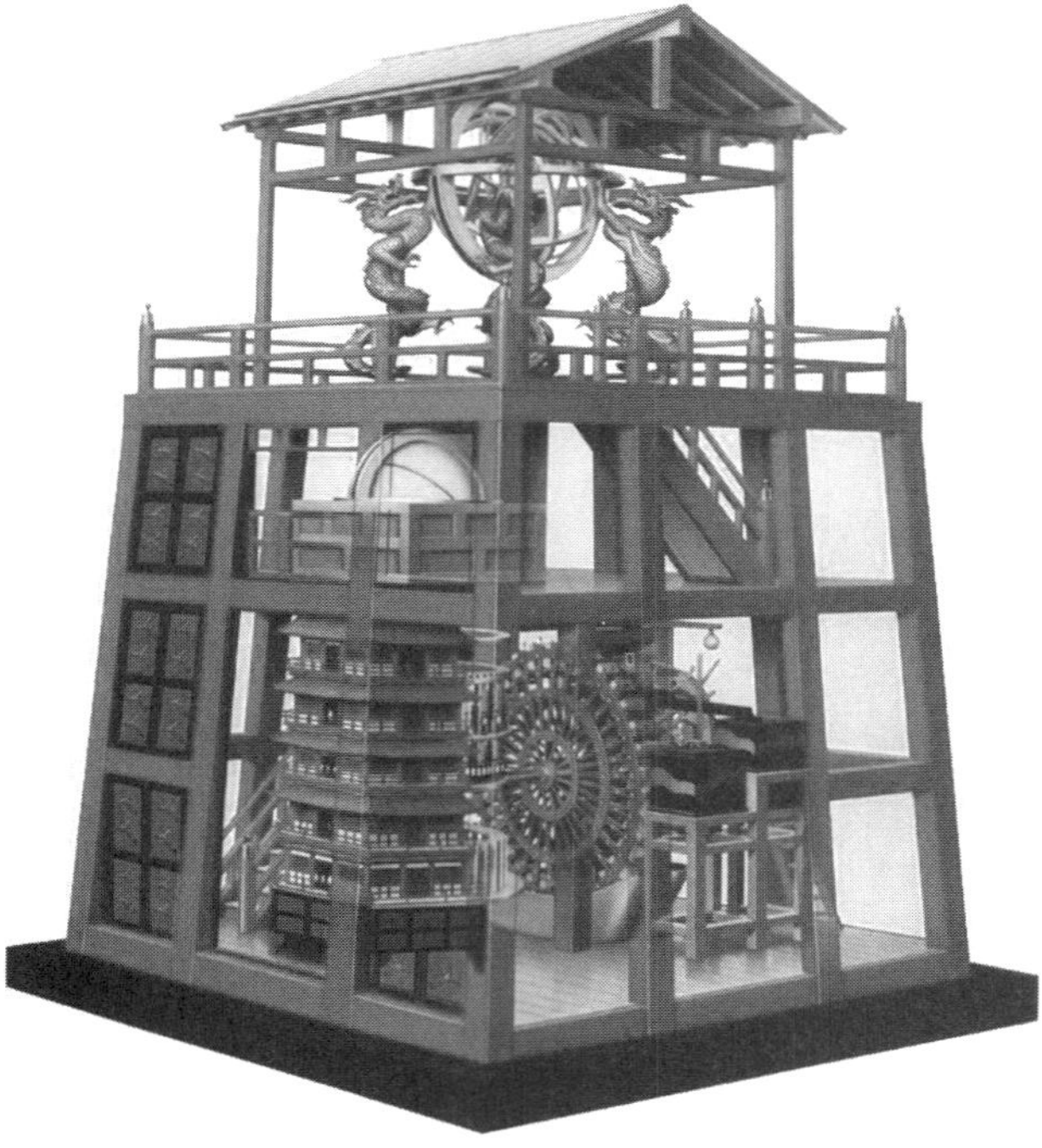

図1-3　水運儀象台の全景透視図。屋上が渾天儀で建物の内部に水時計が設置されている。高さは10.4メートル、土台の一辺は6メートル。渾天儀には約1500の星が記されている。（図・写真提供：諏訪湖時の科学館 儀象堂）

②

①

③

①渾天儀を支える龍柱と、そばに立つ観測人（写真中央奥の人形）。
②「昼夜機輪」内部の「木閣」。時刻を示す札を掲げた人形が回る。
③時刻を表示する人形の拡大写真。当時は「24時制」、１日を100等分する「100刻制」、「不定時法の夜間時刻」の３種類の時刻制が使われていたことに対応している。

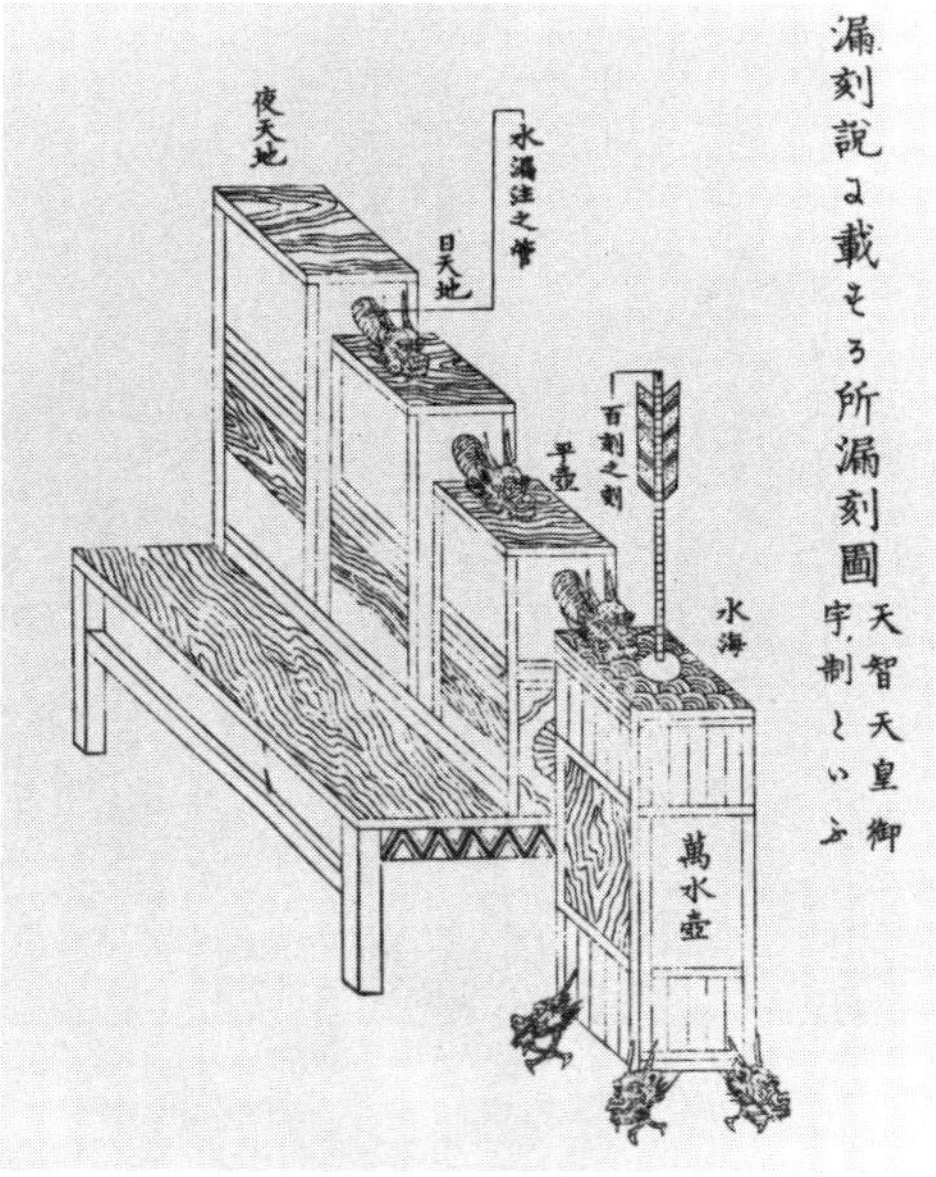

図1-4　日本最古の水時計「漏刻」の説明図

の持つ牌が正面に切り込まれた隙間に現れて時刻を表示するとともに、時刻に合わせて、鐘、鼓、鈴、金鉦（銅鐸）などを鳴らして時を知らせます。

　重要なのは、「脱進機構」を備えていることです。脱進機構は動力源のエネルギーを時計が表示する時間へと変換する役割を果たすもので、これこそが機械式時計の要とされています。つまり、水運儀象台は世界初の機械式時計と言えるのです。欧州よりも約

200年も早く、機械式時計が発明されていたことになります。

この水運儀象台は、1127年に攻め込んできた金王朝の軍隊によって破壊されてしまったのですが、建設に当たった科学者の蘇頌《そしよう》が書き残した設計書が残されており、日本の専門家と時計メーカーが丹念に解析した結果、復元図が出来上がり、1997年に長野県下諏訪町に現物を再現しました。

ちなみに、中国では日時計はほとんどつくられておらず、事実上、時計の歴史は水時計から始まっています。時計技術を中国から輸入した日本も同様で、日本最古の時計は、660年に中大兄皇子が現在の奈良の明日香村につくった漏刻（**図1－4**）です。1981年から本格調査が始まった奈良の明日香村の飛鳥水落《あすかみずおち》遺跡で発見された漏刻の遺構をもとに関係者が試算したところ、時間精度は相当正確だったそうです。

携帯に便利な火時計

人類は、燃焼する火を使って、「火時計」（燃焼時計）も編み出しました。西洋では、ろうそくや油を使ったものが多いのですが、中国や日本では、香や線香、火縄なども使いました。

ろうそく時計は、ろうそくの側面に、目盛りを記しておき、燃えずに残っている目盛りで、経過時間を読み取ります。中世のフランスで流行し、ルイ聖王（9世）は十字軍の遠征時にも携行し、幕舎の中でも使用していたそうです。

ランプによる火時計は、あらかじめ目盛りを記した容器に油を注いで着火し、残っている油の量から時間を読み取ります。しかし、溜まっている油の量によって下部にかかる油圧が変わると、燃焼のスピード（油を消費する速さ）が変わってしまいます。このため、圧力を平均化するよう、油槽の形を洋梨型にするなどの工夫がなされていました。

これら火時計の室内を明るく照らす火は、電灯がなく、夜は神に代わって悪魔が支配すると信じられていた時代に、人々に暖と安らぎを与えました。また、マッチが開発されていなかった時代には、一から火を起こすのには面倒な労力が必要でしたので、いつでも点火装置になる火時計の実用機能が重宝がられました。したがって、機械式時計が一般の家庭に普及した後にも、比較的貧しい家庭では引き続きランプ時計が利用されていました。

火縄時計は古代の中国で使われていたもので、長さ50～60センチの火縄の所々に印をつけて、時刻が分かるようにしてありました。見張り番の交替時間を知らせるための火縄時計では、事前に予定時刻の所に結び目を作って時間を確認したものです。

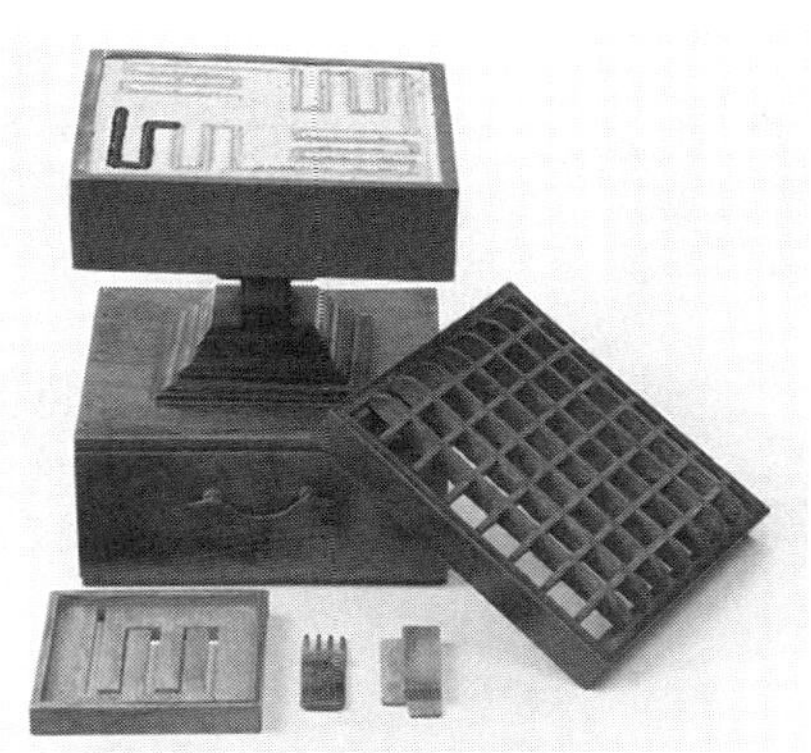
図1-5　香盤時計（写真提供：セイコーミュージアム）

燃焼は特有の臭いを発するので、薫香を漂わせる香木を粉末にして固めた線香を用いたものもありました。

日本で火時計として有名なのは、香盤時計（**図1－5**）です。火鉢のように灰をたたえた四角い盤の上に、香が交わらないように工夫された専用の型を置き、香を敷きます。香の端に点火すると、粗い升目になった蓋を乗せて、準備が完了します。時刻を知りたいときには、上からのぞき込んで香の燃えている箇所を、蓋の目盛りに当てはめて時間を確認します。燃え尽きた後は、香ならしを使って灰を清めれば、何度でも使用できます。

また、線香時計（**図1－6**）は、風流な香りを放つことが評価されて、粋な場所で愛用されるよ

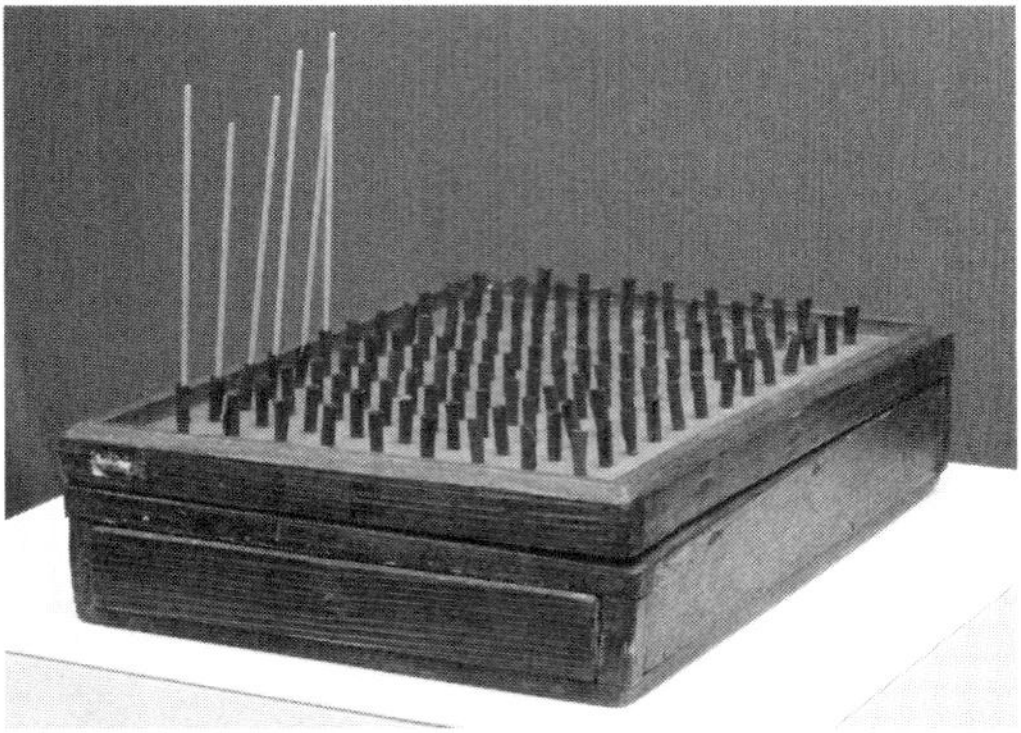

図1-6　線香時計（写真提供：セイコーミュージアム）

うになりました。花街の置屋《おきや》で遊女たちの持ち時間の管理に使われたのです。店番の机には、線香を立てる複数の穴がある台座が用意され、客が付くと遊女ごとに定められた穴に線香を立て、時間の管理が始まります。１本の線香が燃え尽きるまでが客の持ち時間で、線香がなくなると、客は帰るか持ち時間を延長しなければなりません。店番は、残っている線香の長さから遊女の残り時間を計って、次の客の予約を受け付けるのです。今でもこの名残は芸者の置屋に引き継がれており、実際に線香は焚かないものの、１本の線香の燃焼時間（40分程度）を１単位として「線香代」を請求します。

さまざまな素材で人々に愛用された火時計ですが、素材の均質度合いや空気の乾燥度などによって燃焼のスピードが変化するなど正確さに欠けるため、使いやすい機械式時計が登場すると、真っ先に姿を消してしまいました。

簡便さが評価される砂時計

「天然素材を活用した手軽な時計」と言えば、誰もが、砂時計を思い浮かべるのではないでしょうか。文学作品や詩歌にも、数多く引用されています。砂が引っかかりもせず、うまく順番を弁《わきま》えながらスムーズに滑り落ちていく様を見ていると魅入られ、それこそ時の経つのも忘れそうです。

使い方は、洋梨形のガラスの球を2つつなげた形の器の一方にすべての砂を集め、砂の溜まった方を上にして、垂直に置くことで、上の球から砂が滑り落ち始めます。すべての砂が下の球に落ち切った瞬間が、その時計に設定された所定の時間の終了を表します。砂の量（球の大きさに比例）で落ち終える時間が決まっており、反転を重ねることで計測時間を延ばすことができます。

砂時計は当初機械式時計とともに、錠前師たちによって片手間に製作されていました。時計師という職業ができる前に欧州で精密加工技術を持っていたのは錠前師だったからです。砂時計は、会員メンバーだけに製造が許されるギルド組織の対象品ではなく、「自由工芸」の扱いになっていたため、どこの組合の職人でも製作できたのですが、売れ行きが目立つほどまでに拡大したことで、17世紀には独占的ギルド組織に規制されました。１６９８年に出版されたクリストフ・ヴァイゲルの『一般的・実用的主要職業の図解』によれば、親方の資格を得るには、数分から３時間用まで大小合わせて６つの砂時計を製作し、検定に合格しなければならなかったそうです。

ちなみに、当時の砂時計のつくり方は、少し大目の砂を封入して一応完成させた砂時計を検定用の砂時計とともにスタートさせ、検定用の時計の砂が落ち終えた瞬間にすべての砂時計を倒し、それぞれの球の腰部を開いて残っている砂を取り出すというものでした。

砂は水と違って、凍りも、蒸発もしないので、特に寒い北欧で重宝されました。砂が詰まっては用をなさないため、当初は粒子が細かく整っているとの評判のドレスデンの砂が重用され、黒大理石の細かい粒を酒で煮込み、表面を整えたそうです。

８世紀にルイトプランド僧正が考案したとの説もありますが、実際に使われ始めたのは、欧州で機械式時計が発明された時期（１３００年頃）を少しだけ逆上る13世紀だったようです。その後、機械式時計が登場してからも長年にわたって使用されたのは、調達コストが安い割にそれなりの精度が得られること、使用方法が分かりやすくどこでも簡便に使用できること、静かなこと、そして温度変化や揺れなど環境の変化に強いためです。

初期の機械式時計はとても大きかったことに加えて、粗野な音を発し続けるために、静かさが求められる書斎や教会などでは、砂時計が重宝されました。神父からも信者からもよく見える聖書の横に置かれたこともあって、多くは美しく装飾され、椀木やハサミ状の金具、もしくは蝶番《ちょうつがい》に固定された状態で反転を繰り返していました。

説教壇の砂時計は、神父にとっても信者にとっても、すでに説教がどれだけすみ、これからどれだけ続くかを示す目安になっていましたが、説教が熱してくると「おや、もう一度こうしておきましょう」と言って、目の前の砂時計を反転させてしまうこともしばしばあったようです。

湿気、温度変化、揺れにも強いので、航海用の船の時計としても18世紀まで活躍しました。４時間、２時間、30分用の砂時計がつくられ、４時間計を何回反転させたかで進行距離を測り、30分計に従って船員が小さな鐘を鳴らして船内に報時を行っていたようです。

当直用の砂時計を反転させることはオフィサーか舵手にしか許されていなかったのですが、陰では当直時間を短縮するために、時間がくるまえに不当に反転させることがしばし

図1-7　世界最大の砂時計「砂暦」（写真提供：仁摩サンドミュージアム）

ば行われていました。その行為を、ドイツ人は「舵手が壜を端折った」と言い、イギリス人は「舵手がグラスをごまかした」と、また、フランス人は文学的に「舵手が砂を食べた」と表現していました。

砂時計を時間前に反転する不正行為は、他の船員に迷惑を掛けるだけでなく、船の位置測定を誤らせて航海の安全そのものを脅かすために厳禁され、処罰の対象になっていましたが、証拠が残らないために防ぎようがありませんでした。

また、砂時計の時計機能をさらに高めようとする努力も行われました。ガラスの球をいくつもの小室に分け、細かい目盛りをつけることによって小刻みの時間を計ろうとする試みや、精度を上げるために砂の代わりに水銀を採用したり、上の球の砂がなくなると機械仕掛けで反転する装置をつけるなど、さまざまな試みが考えられました。しかし、いずれの案も、改良しようとすればするほど、補助機能の方が大掛かりな装置となって利点である簡便さを減殺《げんさい》してしまうため、砂時計を発展させるには至りませんでした。

ところで日本には、計測時間が1年間、つまり反転させるのが1年に1回という、世界最大の砂時計が存在します。島根県大田市仁摩《にま》町の仁摩サンドミュージアムに１９９０年に完成した「砂暦《すなごよみ》」（**図１−７**）で、全長５・２メートル、直径１メートルの容器に入っている１トンの砂が、直径０・８４ミリメートルのくびれを通って毎秒０・０３２グラムずつ落下します。１９９１年1月1日から運用が始まり、毎年大みそかには市民参加のイベントが行われ、参加者で「砂暦」をひっくり返します。

本物の花時計とは？

自然を活用した時計の中で、美しく、ロマンチックな雰囲気が漂うのは花時計でしょう。ただ、一般的に花時計と言うと、花壇の上を大きな針が回る時計を指すようですが、これは、花壇時計であって、正しい花時計ではありません。本物の花時計は、植えられている花の開花で、時刻が分かる時計です。

最も有名な花時計は、1750年頃に、スウェーデンの植物学者カール・リンネが、開花や閉花時刻が明確な草花を円状に植えてつくりました。植物には生き延びるための適正な環境がそれぞれあるので、地域と季節が変われば配置する植物も変わりますが、リンネは植物でも時刻を表示できることを立証したかったのです。

植物が開花するのは、光を感ずるからではなく、体内時計のコントロールによることが実験で確かめられています。生物が生存していくためには、日照や気温など環境の変化に対応しなければなりませんが、生物の体内時計は外部環境のリズムに自分のリズムを合わせる役目をもっています。植物にとって花を咲かせることは、子孫を残し、増やすために重要な作業ですが、風雨にも耐える丈夫な外茎や葉と違って、大切な部分を無防備にさらけ出すことになるため、適切な時期に、なるべく短時間で受粉作業を済ませたいという事情があります。

ちなみにリンネが選んだ草花は、

6時に咲く　　オウゴン草

7時に咲く　センジュギク
8時に咲く　ヤナギタンポポ
9時に咲く　ノゲシ
10時にしぼむ　ヤブタビラコ
11時に咲く　アマゾンユリ
12時に咲く　トケイソウ
1時にしぼむ　チャイルディングピンク
2時にしぼむ　ルリハコベ
3時にしぼむ　ホークピット
4時にしぼむ　セイヨウヒルガオ
5時にしぼむ　シロスイセン
6時に咲く　オオマツヨイグサ

です。実際の時間との誤差は30分以内でした。

カール・リンネのこの実践は、生物を専攻する人々に多大な影響を与えました。リンネの影響を受けて、日本の風土でできる花時計を考えたのが、明石市に住む生物学者十亀《そがめ》好雄氏です。明石市は日本標準時の子午線の通る町として有名なこともあって、十亀氏は時間と関係の深い身近な草花を30年にわたって研究し、22科37種の花をその候補に選びました。

ムラサキツユクサは午前5時10分頃に花が開き始め、7時45分頃に開き切ります。そして、10時半頃には閉じ始め、12時25分頃に完全に閉じます。マツバギクは午前5時35分頃から開花を始め、9時40分頃から午後1時頃までは満開となり、3時30分には閉じます。タビラコは午前9時頃から開花が始まり、11時15分頃から12時30分頃までが満開で、午後2時30分頃に閉じます。

21科30種の昼咲きの花の開花にかかる平均所要時間は2時間25分、閉花の平均所要時間も2時間14分とほとんど同じで、咲き始めから咲き終わるまでの「花の一生」は、平均9時間20分です。

さらに、十亀氏の研究で興味深いのは、夜間の開花についても検証を進めたことで、リンネも出来ていなかった24時間機能する花時計が可能になります。

ちなみに、夜咲きのオシロイバナが咲き始めるのは午後3時15分頃、5時頃には満開となって翌朝の7時30分頃まで咲き続けます。7時30分頃から10時頃にかけては花を閉じ、眠りにつきます。マツヨイグサが咲き始めるのは午後６時35分頃、７時31分頃には満開となり、閉じるのは翌朝の５時20分頃から９時25分頃とのことです。

すべての植物に通ずることではありませんが、開花が体内時計によるもので、機能誤差が30分以内というのは驚きです。

コラム１　１日はなぜ24時間なのか

学校教育で十進法をたたき込まれる現代人にとって、時間の十二進法、六十進法は若干の違和感を覚えます。他にはあまりない単位だからです。なぜ、このような計量単位が生まれたのでしょうか。

歴史を調べると、古代の人々は身体の部位を基準にして計量の単位を築いています。指を折って数を数えただけでなく、身体の部位をモノサシに使っているのです。例えば、親指の幅（インチ）、こぶしの幅（パルム）、親指と小指を張った長さ（スパン）、ひじの長さ（キュービット）、足の爪足からかかとまでの長さ（フィート）などです。モノサシなどがなかった時代には、ものの長さを測る場合に、まずは親指を当ててみて、より長ければこぶしに代えて測るとか、こぶし何個分といった測り方が一般的だったようです。しかし、時間の体系では身体の部位の寸法を当てはめて計るわけにはいきませんでした。

「分」「時」「日」の時間や角度の測り方は、紀元前15世紀頃にチグリス・ユーフラテス川流域で生活を営んでいたバビロニア人によって体系化されたと伝えられています。角度の１度を円周の３６０分の１とする考えは、太陽が天空を１周するのに要する時間（１年＝３６５

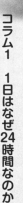

日）を基礎にしているようです。

前述したように、人類は月の満ち欠けが約30日のサイクルで繰り返され、それが12回で再び同じ季節が巡ってくることを知っていましたし、バビロニア人は太陽が地平線に顔を出し始めてから、完全な姿を現すまでの時間（約２分）を一つの基本単位とすると、７２０（12×60）個分で一昼夜が経過することにも気がついていました。したがって、天文の分野では12や60が重要な数字として認識されていたのです。

また、当時のバビロニアで使われていたシュメール数学では、数の多い単位の区切りとして十二進法や六十進法が多用され、１より小さなものを表すのに60分割することも行われていました。シュメール数学とは、バビロニアの前にこの地で文明を開花させたシュメール人が編み出したものです。

シュメール人自体はもともと移民としてバビロニアに移住したもので、祖先はよく分からないのですが、温和な民族で根気強く、湿地帯を乾かし農耕の習慣をつくり、貿易を発展させました。都市には壁を築き、車輪のある乗り物まで使っていました。さらに、くさび形文字、ろくろ、数式、最初の法律、踏み車、ブランコ、ハンモック、ボール・ゲームなども発明しています。

シュメール人が十二進法や六十進法に固執した理由はまだ完全に解明されていませんが、親指を除く手の指の関節が12本あることを利用して数を数えていたという説があります。一方の手の指を折りながら十の単位を数え、もう一方の手の関節で一の単位を数えると、両手で60までカウントできます。しかも、12は、1、2、3、4、6の倍数、60は1、2、3、4、5、6、10、12などの倍数です。角度に使われる360も約数が多く、さまざまな場面に利用できるので便利だったためではないか、というわけです。

時間単位の源は、明確ではありませんが、時間の計り方は天文分野との関連を深くもちながら発展しました。一般人の生活では、細かい時間を規定する必然性は少なかったのですが、天文分野では細かい時間だけでなく、全体の体系が必要だったからです。

年と日が十二進法で、時間と分が六十進法で組み立てられることによって、1年間を秒に換算すると、60秒×60分×24時間×365日で、3153万6000秒となります。

現代の数学から判断すると進法に一貫したルールがないために不合理に思えるのですが、古代バビロニアで暦や時間体系を決めるにあたっては、数学、天文学、占星術など当時のあらゆる学問、知識を総合的に考えて決定されたのでしょう。

ところで、時計の文字盤は、12時間制が当たり前のように思われていますが、欧州、特にイタリアの古い掛時計の文字盤にはさまざまなバラエティが見られます。

一つは24時間制の文字盤で、24時が文字盤の真下にくるのが奇異ですが、太陽が南中する正午を真上に配置したので、そのような表記になりました。フィレンツェの大聖堂の時計などです。

二つ目は午前の12時間と午後の12時間が文字盤の左右にそれぞれ表示されている24時間制のパターンです。ロンドンのハンプトン・コート宮の天文時計などですが、日時計の概念を忠実に守ったものと思われます。

三つ目は、数字の代わりにゾディアック（十二宮＝太陽、月、惑星が運行する仮想の球体上で、太陽の黄道を中心とする帯域を、十二星座に分けたもの）を文字盤に配したものです。変形として数字との組み合わせ（サンマルコ広場の時計、ハンプトン・コート宮の天文時計など）もあります。

四つ目は数字をⅠからⅥまでの６つでレイアウトしたもの。シンプルで良いのですが、目盛りとしては粗すぎてデザイン的に持たないので、間に何らかのマーキングを挿入しています（ローマの時計広場の時計など）。なお、この時代の針は、「時針」だけの１針しかありませんでした。

フィレンツェの大聖堂の時計

サンマルコ広場の時計

これらの文字盤は、デザインとしての流行も反映していました。イタリアでは17世紀後半に、文字盤を6刻みにするのが流行していたようで、当時ヴェネツィアで出版された時計の本には、「6刻みにするのが当世ローマ風である」と書かれています。

ところが1世紀も経たないうちに流行はまた変わって、18世紀末のローマでは、12刻み2本針のスタイルへの改造が盛んになりました。ちなみに、流行が変化した背景には、機械式時計が進歩して精度が上がったために、文字盤に分針をつけられるようになったという技術的な要因もあったのです。

第2章
機械式時計の発明

世界初の機械式時計

前章で見てきたように、自然界に存在するリズムを応用した時計には一長一短があり、人類が「必要な時に、いつでも時が分かる」使いやすい時計を、自らの技術でつくろうと考えたのは、当然なことでした。

しかし、これは大変に難しい課題でした。見えないものを「見える化」するだけでも難題ですが、工業が未成熟な時代に、宇宙の動きや自然の摂理に基づく真理を解明し、人類が決めたルールによる時刻体系を表示するのですから、一筋縄では行きません。

それぞれの時代を代表する科学者や職人たちが、英知と技能を注ぎ込んでも、簡単に解決できないものでした。そこに技術と時計史の重みが感じられます。数百年の間になされた、多くの発明によって、時計は正確に時間を刻むようになり、使いやすい時計が出来上がったのです。

まずは、人類がつくった世界最初の機械式時計を確認したいところですが、現物が残っていないので、それは叶いません。また、「機械式」をどのように定義するのかでも、歴史は変わります。

最初に時計産業が隆盛を極めた欧州では、１２７２年にカスティーリャ王国で編纂されたた『天文学の知識の書』が見つかっていますが、この書にある時計は水銀を応用したものなので、当時は機械式時計が存在していなかった証拠とされています。また、１２００年代末期から１３００年代の前半にはいくつかの塔時計が製作された記録がありますが、機械部分の記述が不詳なので、機械式時計か否かの判定ができません。

明確な記録としては、１３０９年にミラノの教会に鉄製の時計が取り付けられていたことが記され、１３１７〜１３２０年に書かれたダンテの『神曲』の「天国編」ではこの時計のアラーム機構について触れています。また、英国のセント・アルバンズ修道院の院長だったリチャード・ウォーリングフォードは１３３０年に時計が修道院に取り付けられた時の手記の中で歯車や時打ちの機構を説明していますが、これらの時計はいずれも現物が残っていません。

現物が現存する欧州で最も古い時代の機械式時計は、１３７０年にフランスのシャルルⅤ世がドイツから招いた時計職人のアンリ・ド・ヴィックにつくらせた宮廷の塔時計と、１３８６年に英国のソールズベリー寺院に設置された塔時計です。フランスの塔時計は、約２００キログラムの錘《おもり》で歯車にエネルギーを供給し、別の約７００キログラムの錘で時打ちの鐘を鳴らしていました。この時計は、建物ごとそのままパリのシテ島（高等法院）に残っていますが、機械体には後世に改造された跡があります。

ところが、近年になって、時計学者の間では、人類最古の機械式時計は中国の時計だというのが、常識になっています。前章の水時計の項で紹介した、北宋の元祐年間（1086〜1089年）に、首都の開封に建設された水運儀象台です。エネルギー源となる水で「枢輪」と呼ばれる水車が回されるのですが、上部の「脱進機構」により、回転は24秒に10度ずつに制御され、1日に正確に100回転します。さらに、つながっている「昼夜機輪」の円盤を、歯車で1日に1周の動きに減速させるのです。つまり、「脱進機構」が備わった、機械式時計と考えられます。

現在は、時計史の分野で、中国の存在感がまだ薄いのですが、将来、研究が活発化すれば、新たな発見も出てくるでしょうし、自国の功績を積極的にアピールすることでしょう。

いずれにせよ、機械式時計の発明で、人類は「時」を神から取り戻し、科学に位置づけました。「時」は信仰の対象ではなく、生活の基礎を形成する度量衡の1つになったのです。同時に、時刻制度も太陽の動きをもとに、昼と夜の時間をそれぞれ等分する「不定時法」から、季節を問わず1日を24等分する「定時法」へと変化したのです。これは、人類の産業を農林水産の第一次産業から工業を主体とする第二次産業へと高度化させる上でも重要な決断でもありました。

一方、「人間の世界は、時間と空間で構成されている」と言われるように、「時」の存在感は大きく、生活・社会、産業・経済、文化・芸術などあらゆる分野に関係し、物事すべてのことを実現させる「資源」でもあります。

なぜ高い費用で製作できたのか？

欧州で最初に発明された頃の機械式時計は、縦横がそれぞれ1〜2メートル、重さが1〜2トンもあり、1日に1時間もの誤差が出る上に、「ガシャ、ガシャ」と大きな音を立てるような代物でした。製作費は今日の価値で1億円は下らないと言われています。人類は既に日時計、水時計、火時計を保有し、こちらのコストははるかに安いものでしたが、なぜ、高額な費用をかけてでも、機械式時計を求めたのでしょうか。

ヒントは宗教にあります。当時のキリスト教では、「時」も神のものと考えられていました。この世のものは、すべて神がつくったとされていて、人間は「時」をコントロールできないとの現実を体感していたからです。当時のキリスト教では、天候や昼夜を問わず、毎日の祈禱（ミサ）を時間通りに行う戒律が守られていました。

５７５〜５７９年に教皇に在位した聖ブノワの戒律には、ミサについて次のように記されています。「予言者は日に７度讃歌を唱えたと言っていますが、われわれもまたこの７という聖数を全うしましょう。すなわち、朝課（午前０時〜日の出までの祈禱）、第１課（午前６時頃）、３時課、６時課、９時課、晩課、夜課の聖務（ミサ）を全うするのです」。時間割を遵守するのは、極端なまでに厳格な戒律に従うことを意味しました。ミサは一切のことに優先しますので、ミサの時を告げる合図を耳にしたら、どんな作業の途中でもただちに手を止め、心の糧を無駄にしないため、祈禱場に向かうことになっていました。これに遅れた者は皆の前で謝罪することで、贖罪を行わなければなりませんでした。そして８０２年に、カール大帝は「民衆に心を入れ替えさせて神を讃える方法と時刻を教えるため」、聖職者たちに定時課に鐘を鳴らすよう命じています。

最も神に近い存在にある教会にとって、ミサの時刻を正確に守ることは、神への忠誠心の証しであり、重大な責務でした。修道士たちは「心の糧を無駄にしないため」、夜は修道服のまま横になっていました。したがって、このような正課を全うし、厳しい戒律を守

図2-1　ミレーの『晩鐘』（オルセー美術館所蔵）

っていくために、昼夜を問わず、天候を問わず、いつでも正確な時を知らせてくれる時計が必要だったのです。

一般市民が生活の中でこの戒律を守ることの重要性は、ジャン・ミレーの名画『晩鐘』（１８５９年製作、**図２－１**）に表れています。絵には、夕闇迫るフランス・バルビゾンのイモ畑で、頭を垂れている１組の若夫婦と、農具と、収穫されたばかりのわずかなジャガイモが描かれていますが、立てかけられたままの鋤《すき》を見れば分かるように、農作業が突然中断されたことを物語っています。

重要なことは、若夫婦の背景の地平線にシルエットでシャイイ教会が小さく浮かび上がっていることです。晩鐘（6時の鐘）は1日の労働の締めくくりとなる最後の「祈りの時刻」を告げており、鐘の音が聞こえてくると、敬虔な信徒は、すぐさま労働を中断して祈りを捧げなければならなかったのです。

ミレーは『晩鐘』を描いた動機について、友人のシメオン・リュスへの手紙の中で「子供の頃、畑仕事をしていて夕方の鐘が聞こえると、祖母のジュムランは必ず私たちの作業を止めさせ、帽子を脱いで『気の毒な死者のために』と祈りをさせましたが、そのことを考えながら描いたものなのです」と明かしています。

一方、中国ではなぜ、水運儀象台のような立派な時計がつくられたのでしょうか。儀象台は天文台と時計台で構成されていましたが、当時の天文観測は「科学研究」以上の重要な意味を持っていました。中国の王朝は天の命を受けて誕生したものと考えられており、天体の運行の規則性に天の法則を重ねて政治の基を定め、天象の異変に天の意思を見て政治を行っていたのです。当時の「陰陽説」「五行説」に基づくもので、「宇宙の万物は陰（－）と陽（＋）の組み合わせで生成され、その変転は木火土金水の五原素に基づいて推進される」との科学思想です。

中国の時計史の特徴は、民の生活とは関係なく、王朝の意思が大きく反映されて発展してきたことです。中には皇帝が趣味の欲求を満たすためにつくらせたものもあり、コストは二の次、三の次ですから、開発資金も、優秀な技術者も大胆に投入されました。

安定的なエネルギー源が必要

機械式時計には、まず、時計を動かすエネルギー源が必要ですが、継続的で、安定したパワーであることが大切です。パワーの大きさが十分でも、弱まったり、強まったりすると、時間の遅れや、進みに直結しますので、同じ強さで安定的に継続することが大切です。中国の水運儀象台は、水力で水車を回してエネルギーを得るのですが、安定したパワーを確保するには、年間を通してそれなりの水量がある川に面していないと難しいため、設置場所は限られます。

欧州の初期の機械式時計のエネルギー源に使われたのは、専ら錘です。ロープや鎖の先に錘をつけ、時計塔の上から垂らすと、重力が作用して錘が地表に落ちようとしてエネルギーが発生します。「重錘式」と呼ばれ、構造はシンプルながら安定したパワーが得られるのですが、鎖の長さが短いと使える時間が短いため、時計塔のような、ロープを垂らす空間を確保できる場所でなければなりません。

しかも、時計を止めないためには、錘が地表に到達する前に巻き上げる作業が必要です。ちなみに、ド・ヴィックの製作した時計の持続時間は、わずか数時間しかなかったため、彼は、塔の中で、時計の傍らに住み、錘を巻き上げるために、一生を休みなく働いたと伝えられています。

重錘式は屋内でも、企業やホテルの大広間に置かれるホールクロックに使われています。童話「オオカミと7匹の子ヤギ」で子ヤギが隠れていた置き時計もこのタイプで、サイズとしては隠れるだけのスペースがありますが、実際には、金色の太い円筒形の錘と巻き鎖の前面には振り子がありますので、動いているホールクロックには、子ヤギは隠れられません。

近年は機械が小さくなり、部品精度が高まってエネルギー効率が良くなっていますので、1回巻き上げれば、1～2週間は持ちます。

振り子を取り入れ精度が向上

時計には、駆動するためのエネルギーと、時を表示する文字盤が必要ですが、両者を直結すると針がぐるぐると回ってエネルギーを空費するだけで終わってしまいます。したが

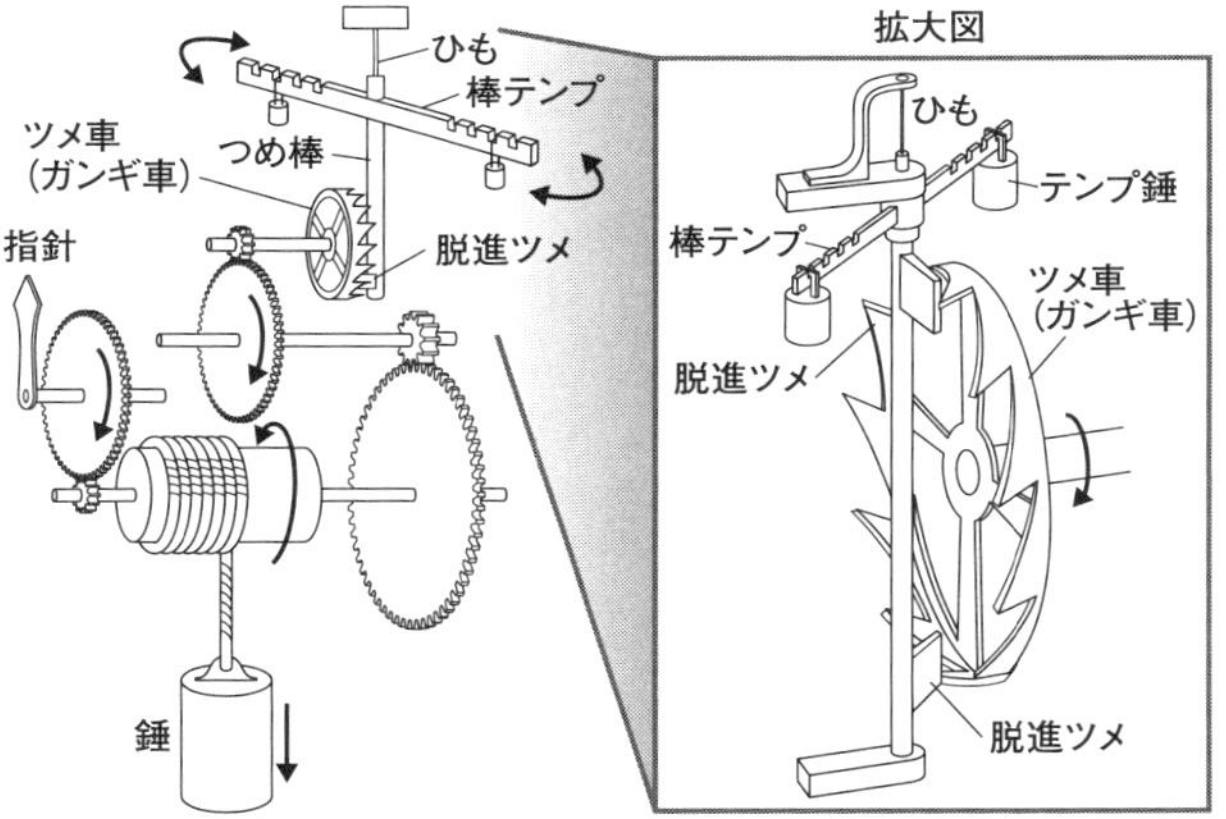

図2-2　棒テンプの仕組み（日本時計協会HPの図をもとに作成）

って時計には、エネルギーを徐々に解放する「脱進機構」と、規則正しいタイミングを生み出す「時間信号源」、その規則性を時間に同調させる機構（調速機構）が必要です。

初期の機械式時計では、時間信号源として、左右に細長い木製の「棒テンプ」が用いられました。「棒テンプ」は定められた空間を規則正しく往復することで、振動（リズム）を刻みます（**図2−2**）。

この連続的な振動の動作のなかで、棒に取り付けられている脱進ツメが、ツメ車と連続的にかみ合い、時計仕掛けを止めたり、解放したりしながら規則正しいリズムを取って（調速機能）、１歯ずつ進めて、歯車を回します。この歯がかみ合った時に、「カチッ、カチッ」（当初の機械式時計は「ガシャ、ガシャ」）という音を発するのです。

問題は、棒テンプの振れる角度がバラバラでは、安定した精度が得られないことです。このためには、テンプが毎回きちっと端まで振れるような構造になっていることと、部品が十分な精度で加工されていることが重要です。しかし、限られた工具や当時の加工技術で、一日に数十万回の反復を正確に行う機械をつくり出すことは至難の業でした。

その後に、より確実な時間信号源として用いられたのが、自然界の法則を利用した「振り子の原理」です。「振り子の原理」の基礎となる「振り子の等時性」を発見したのが、あの天才科学者として有名なガリレオ・ガリレイでした。発見に至ったヒントは教会で見つかりました。

時代は1582年。場所はイタリア・ピサの寺院で、まだ青年だったガリレオが礼拝堂の長イスに座って説教を聞いていています。夕方で、辺りは暗くなってきたため、番僧が2階の回廊を歩きながら、天井から吊るされたいくつものランプに、灯火を入れて架線に戻す作業を行っていたのですが、ガリレオの目はランプの揺れの大きさに釘づけになりました。

番僧が手元に引き寄せたランプに灯火を入れて手を放すと、ランプは左右に揺れ始めます。振幅はだんだん小さくなっていくものの、先に火を入れたランプの揺れと、後から火を入れたランプとでは、１振りの所要時間がほとんど変わらないことに気がついたのです。念のために、彼が１振りの所要時間を自分の脈拍で測ってみると、タテに並んだランプは揺れの大きさこそ異なるものの、周期は同期しているのです。

翌日から、ガリレオは研究室で検証を繰り返し、長さの同じ振り子ならば、（振れ幅の小さい範囲では）錘の重さや振れ幅に関係なく、同じ時間で振れることを確認しました。例えば、25センチメートルの振り子の１振りは約０・５秒、往復の１周期は約１秒です。１振りに要する時間は、紐の上端から錘の中心までの長さの平方根に比例するので、１メートルの振り子の１振りは約１秒間になります。

これらの研究成果を１６３８年にまとめ、「新しい２つの科学に関する数学的論証」の中で「振り子の等時性」理論として発表しました。ガリレオはこの理論を時計に応用することを思いつき、棒テンプの代わりに振り子を用いてみたのですが、試作した時計はうまく動きませんでした。

振り子時計を実用化したのは、オランダの天文学者クリスチャン・ホイヘンスで、ガリ

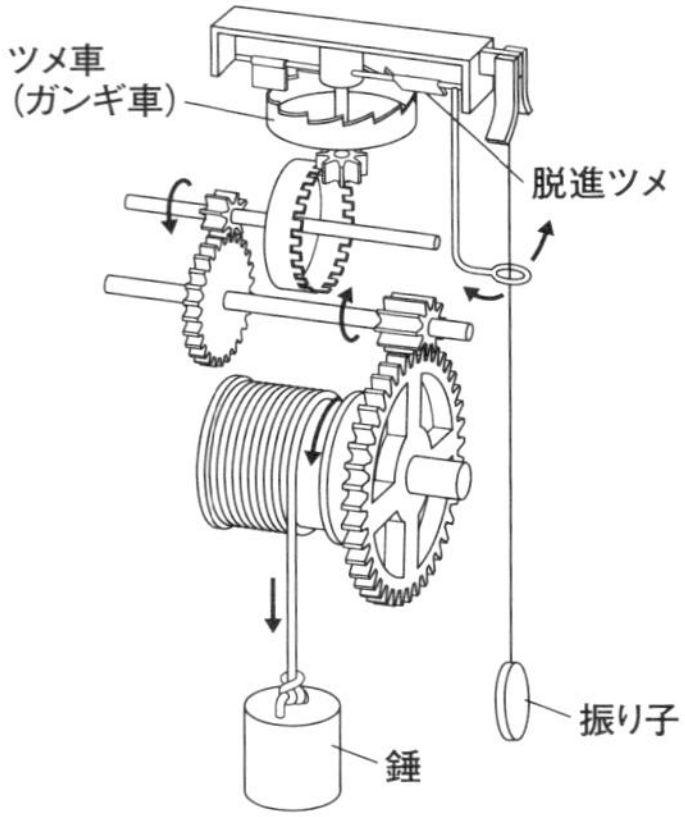

図2-3　振り子時計の構造（日本時計協会HPの図をもとに作成）

レオの死から15年後の１６５７年に、オランダ議会に振り子時計を設置しました。ホイヘンスの工夫は、振り子の上部を２枚の当て板で左右から挟むことによって、振り子が暴走することを抑え、作動範囲を一定の枠内に閉じ込めたことです（**図２－３**）。これによって、時計の精度は格段に向上し、分針をつけられるようになり、後には数十倍（条件を整えれば１日に10秒以内の誤差を実現）もの高精度を得られるようになります。

振り子時計の精度を保つには、①振り子を吊る支点の確実な固定、②周囲の空気の固定化と密度の一定化、③周囲の温度の一定化、④一定したエネルギーの供給、⑤脱進機の誤差の排除、が不可欠です。つまり、振り子の振幅の減衰や周期に影響を与える外部的要因を取り除き、常に等しいエネルギーを加えて運動を維持できれば、時計精度は高く保たれるのです。

脱進機の仕組み

調速機と表示針（時間の短針、分の長針など）を動かす輪列（歯車の組み合わせユニット）の間にあって、タイミングをとりながらエネルギーを減速させ、時計の時間を少しずつ進めるのが脱進機構です。

振り子時計では、振り子が左右に振れることで、脱進ツメ（爪）が、冠型をしたツメ車にかみあったり、外れたりしながら、１歯ずつ進み、ツメ車が脱進ツメの固定されている軸を回転させます。軸は輪列を介して針につながっていて、その針と文字盤によって時刻が表示される仕組みです。人為的に機械仕掛けで「振動」を作り出しているのですが、脱進機の役目を果たす歯の形状にバラつきがあると、毎回の往復運動に誤差が生じ、精度に影響が出ます。

ウィリアム・クレメントは１６７１年に、振り子時計の調速機構に「退却式アンクル脱進機」を開発しました。それまで使用されていた冠型脱進機は、振り子の振幅角度がどうしても大きくなるために、正確さに欠けていたのですが、退却式アンクル脱進機の発明は画期的で、安心して分針をつけられるほどに精度が向上しました。現代でも機械式振り子

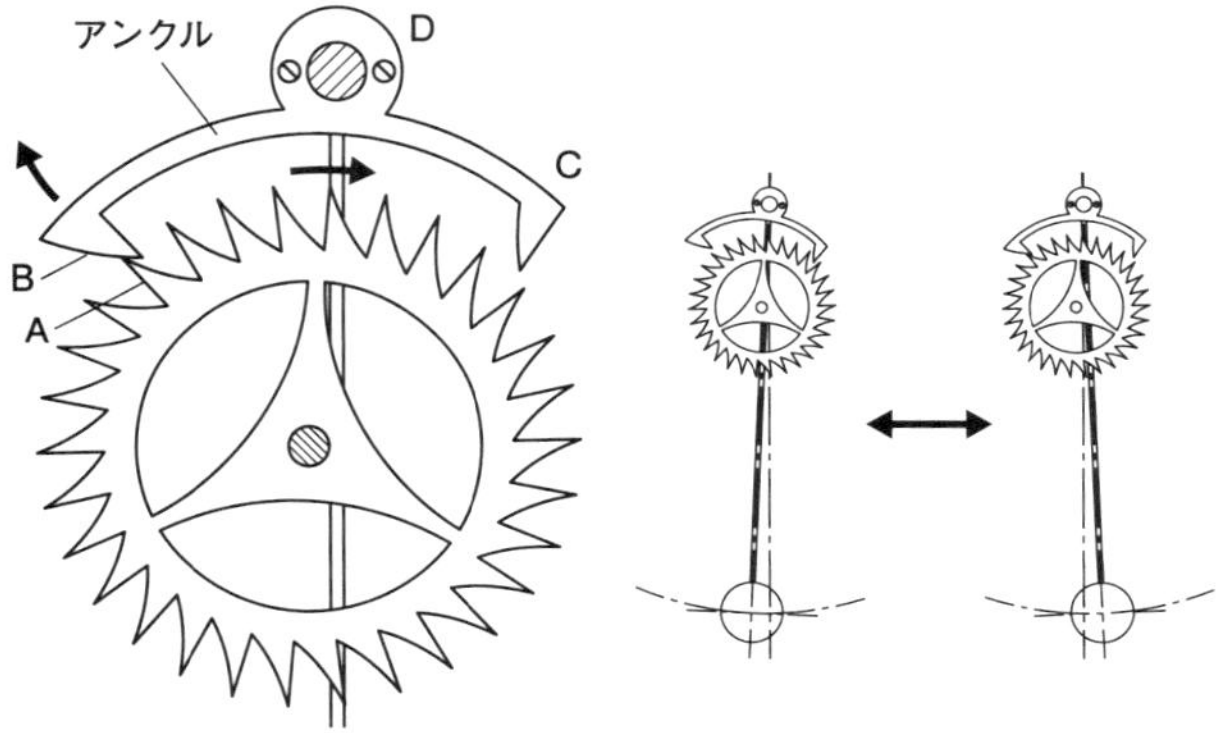

図2-4　退却式アンクル脱進機の原理

時計に使用されています。

退却式アンクル脱進機の原理は**図2－4**の通りです。まず、ガンギ車（A）が矢印の方向へ回転すると、歯がアンクルのツメ（B）を押し上げます。アンクルは（D）で固定されているため、ツメ（C）がガンギ車の歯の間に割り込んできて（B）が浮いて歯から外れます。次に（C）が押されてアンクルは矢印と反対の方向に振られます。この繰り返しで、ガンギ車はアンクルに制御されながら回転を続けます。さらに、振り子はアンクルの軸につながっているので、アンクルが矢印の方向へ回転すると、振り子も同じ方向に振られます。そこで（B）が外れ、（C）が入ってきても振り子の慣性のためにアンクルは矢印の方向に回ろうとします。すると、（C）はガンギ車を

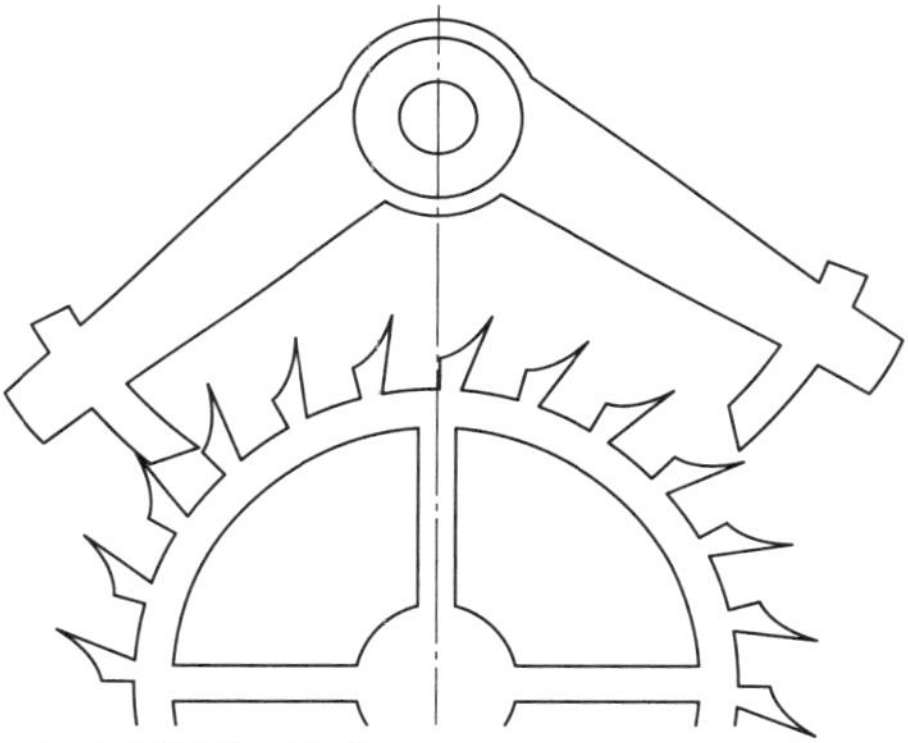

図2-5　直進式脱進機の構造

矢印の反対方向に逆転させせようとします。しかし、ガンギ車は原動力によって絶えず矢印の方向に回転しようとするので、わずかな後退をして前進するのです。この後退が運動に付随するので「退却式」という名称がつけられました。ちなみに、アンクルとは脱進機の中核をなす部品の名称ですが、船のアンカー（錨）に似ていることから名付けられました。

そして、わずかながらの後退を無くそうとしたのが、「直進式脱進機」を発明したジョージ・グラハムです。グラハムの改良はアンクルのツメの形を**図2-5**のように変えただけだったのですが、それによってガンギ車の歯がツメに接している時に、振り子によるアンクルの回転でガンギ車が押し戻される退却がなくなり、振り子は滑らかな往復運動を続けられるようになりました。この結果、退却式では後退が大きくなるために難しかった重い玉を、振り子に用いることができるようになりました。

その後、振り子にもさまざまな改良が加えられました。特に温度変化が振り子の素材である金属の膨張、収縮を引き起こし、振り子の周期を変化させることから、多くの人が温度による周期変化の補正に取り組みました。航海用のクロノメーターの開発で名を馳せたジョン・ハリソンは、膨張係数の異なる金属でつくった棒状の支柱を並べて、振り竿にした格子振り子を考案しました。

英国のジョージ・グラハムは、1721年に温度の変化にも振り子が影響を受けない「水銀補正振り子（グラハム振り子）」を発表しました。振り子の錘の部分である振り玉に、水銀を満たした円筒形の入れ物を使ったのです（**図2–6**）。温度が上がって振り竿が伸びると、水銀も膨張し、入れ物内の水銀柱の高さが上がることで、水銀部分を含めた振り竿の吊り下げ部分から振り子の重心までの長さが同じになるよう補正するため、すべての温度で振動の周期を安定させます。

ちなみに、長さ1メートルの鉄の振り竿の場合、温度が10度上がると、竿の長さは0・11メートル伸びるので、時計の遅れは、1日で5秒にもなります。

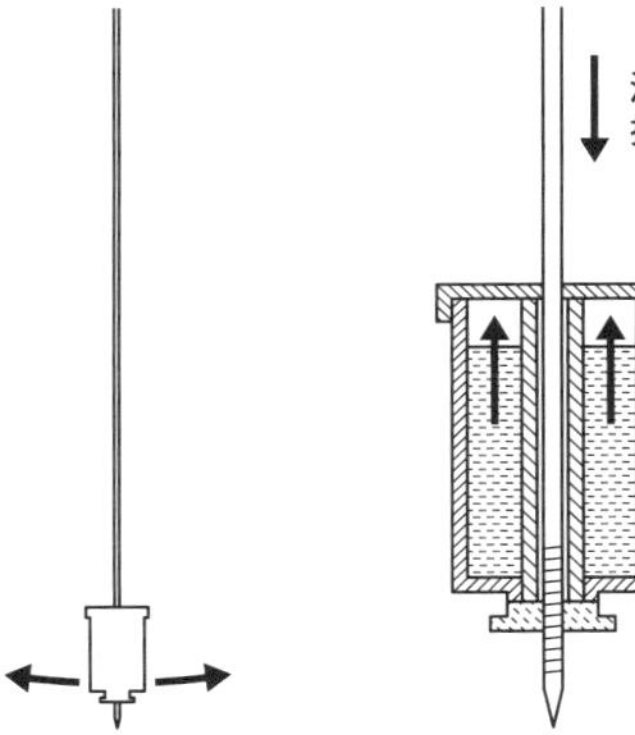

図2-6　水銀補正振り子の原理

19世紀には、シャルル・ギヨームが膨張係数の極めて小さいインバール（鉄とニッケルの合金）を開発し、振り子時計の精度を飛躍的に向上させました。インバールを使った振り竿の膨張率は鉄の10分の1以下なので、それだけでも、効果は大きいのです。

ジグムント・リーフラー（ドイツ）は１８８９年に自由脱進機を、１８９１年には水銀による「温度補正振り子」との組み合わせによる高精度な「天文振り子時計」を開発しました。ちなみに自由脱進機とは、グラハムの発明した直進式脱進機に改良を加えたものです。

直進式脱進機はアンクルが振り竿を通して振り子に固定されているため、脱進機の作動中のすべての時間に振り子を制約してしまうのに対して、リーフラーの脱進機（自由脱進機）は、振り子とアンクルを板バネでつないでいるだけなので、振り子を制約する時間を2割程度に止めることができ、それ以外の時間は振り子を自由にすることができました。

さらに、1897年には、日差（1日の誤差）0・02秒以内というクオーツ時計並みの高精度で動く「精密天文時計」を実現させました。空気の流れ、気圧の変動から遮断するために振り子を気密容器に収納し、エネルギーを一定に保つために錘を十数秒ごとに電気で巻き上げる機構を採用しています。

この時計は、世界各地の天文台、研究所で635台が採用され、日本でも1961年まで報時業務に使用されていました。

1921年には、英国人のウィリアム・ショートが、2個の振り子の相互作用を電気回路で制御する自由振り子時計を開発し、誤差が1日に1000分の1〜1000分の2秒以内の精密時計を完成させました。原理は、親振り子を自由に振動させ、それに完全同調する従属振り子が30秒ごとに親振り子に衝撃を与えて振動を矯正し、従属振り子が時計を動かすことによって誤差を極小化します。

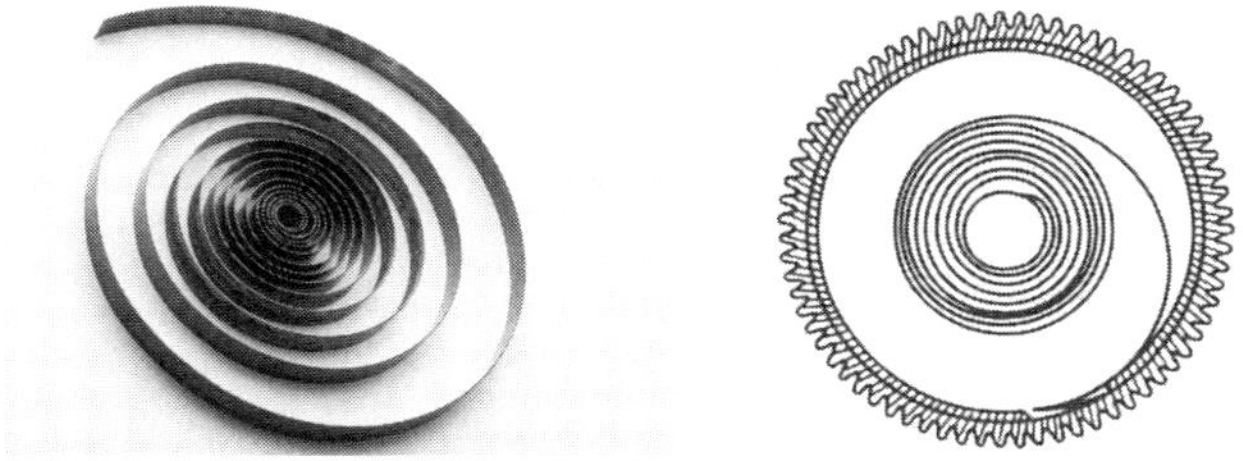

図2-7　解けた状態のゼンマイ（左）と、香箱の中で巻かれた状態のゼンマイ（右）

ゼンマイの発明で携帯が可能に

機械式時計は、教会や王宮などから、町の中心部の広場などにも設置されるようになり、決まった時刻に市が立って商いが盛んになるなど、時計を取り入れることで、生活が便利になりました。そこで、人々は時計を室内などさまざまな場所で活用したいと望むようになり、エネルギー源に考え出されたのが、「ゼンマイ」です。ゼンマイは弾力性の高い金属が渦巻き状に無理やり巻かれており、解けて直線状態に戻ろうとすることで、エネルギーが生まれます。

時計の中では「香箱」に収められ、渦巻き状鋼の中心部はリュウズの心棒に、外側の端は香箱の内側に止められています（**図2-7**）。リュウズを指で回してゼンマイを巻き上げると、ギュッと心棒に巻き付きますが、リュウズから指を離すと、元の直線状態に戻ろうとして、固定されていない香箱を押し回すことになります。そこで、香箱車が回り、それにつれてつながっている輪列が回転する仕組みです。

発明者は分からないのですが、ゼンマイを用いた携帯時計は、１４００年代にドイツのニュールンベルクで生まれました。ただ、携帯時計と言っても、初期のものは腕に載せるのはとても無理なサイズで、貴族の命ずる場所に、付き人がお盆などに載せて運ぶような使われ方だったようです。

初期の素材には弾力性に乏しい真鍮が使われていたため、製造には高度な加工技術が必要でした。当時のニュールンベルクは文化や商工業の中心都市として栄えており、特に金属製品は錠前や刀剣の製造から発展し、15世紀にはブロアなどと並んで時計工業で名声を得るようになります。

ゼンマイはパワーを出すためには大きいほうが、持続時間を延ばすには長いほうが良いのですが、設計者にとっては、小さいサイズを求められる機械体の中で、香箱のスペースをいかに確保するかが悩みの種です。原理と構造は画期的ですが、ゼンマイは堅く巻けている時と、解けている時とでは弾性に差が生じ、時計精度に差が生ずるという短所があります。

しかし、後年はテン輪《わ》とヒゲゼンマイの発明で課題はおおむね解消されます（第3章参照）。また、素材面でも弾力性に富む鋼または特殊合金（コバルト、ニッケル、クロム、モリブデンなど）が開発され、製造が効率的にできるようになり、品質面でも安定しました。

国が精度向上に乗り出す

欧州で時計精度の向上を促した要因には、社会の安全性を高める目的で、時計の高精度化に国がかけた懸賞金もありました。いくつかの国で例がありましたが、有名なのは英国のケースです。

16世紀の初頭に幕を開けた欧州の外洋航海は、各国に植民地の獲得競争を巻き起こし、多数の船舶が遠くの外洋へ派遣されましたが、海難事故の犠牲者が目立って増えました。特に深刻なのは、航海中の正確な位置を知る方法が確立していなかったために、航路を誤る事故が多かったことです。当時は、天文観測で方角を知り、船の速度と時間で位置を割り出す方法が一般的だったため、時計の精度が重要な要素になっていました。

一部には、機械式時計を航海に持ち込んで利用しようという試みもなされましたが、振り子を応用した時計は船の揺れが始まると成すすべもなく、湿気で金属部品は錆びてしまい、ゼンマイの鋼は気温の寒暖が精度そのものに直接影響を及ぼすなどして、役に立ちませんでした。したがって、17世紀の中頃までの船の時計には主に砂時計が使用されていました。しかし砂時計は、長い時間を計測することには適していません。

１７０７年には、シリー諸島沖で英国の軍艦４隻が難破し、２０００名近くの乗組員が命を落とす事故が発生しました。この事故をきっかけに、英国議会は１７１４年に経度法を制定しました。これは「海上で経度を確定する『実用的かつ有効な』手段を見つけた者には、２万ポンド（現代の価値では数百万ドルに相当）の賞金を与える」というものでした。ただし、１等の２万ポンドの賞金を獲得するには、経度の測定誤差を２分の１度以内に収める事が条件になっており、時計の誤差に換算すると６週間の航海で２分、１日当たり約３秒という高い目標でした。

１７５９年に日差１・８秒のクロノメーターを完成させて懸賞金を手にしたのは、ヨークシャーの大工ジョン・ハリソンでした。ハリソンは、開発に45年の歳月をかけ、４種の航海用の高精度時計・マリンクロノメーターをつくり上げたのです。

ハリソンは１７２７年頃には賞金を意識し始め、船舶用時計に挑戦する気になっていました。２種類の金属を組み合わせて誤差を抑えるグリッドアイアン振り子や、摩擦の少ない機構を考案して、誰にも劣らない正確さを実現していたので、あとは海上での使用に耐えるよう改良すれば、賞金も名声も獲得できると思っていました。ただ、彼の開発した振り子は、陸上では有効だったのですが、荒れる海上では役に立ちません。ハリソンは、先端に振り玉をつけた振り竿が左右に揺れる振り子の代わりに、激しい波にも耐えられるシーソーのようなスプリングの検討を始め、４年後にこの新しい工夫が満足できるものになった所で、ようやくロンドンに向かったのです。

法律の制定から25年後の１７３９年に初めて開かれた経度評議員会に、海軍のリスボンまでの24時間の航海で実際に使用し、数秒しかズレが出なかったＨ－１を提出したのです（**図2－8**）。ところが、ハリソン自身がＨ－１の欠点を指摘し、「改良してより小型にするために、２年間の時間と５００ポンドの資金援助を認めて欲しい」「評価テストとなる西インド諸島への実験航海は、次の時計での実施を希望する」旨を申し出ました。

希望額の半分の２５０ポンドの援助金を受け取ったハリソンは、重さ34キログラムで、古代の船を思わせる模型の船の脇腹に文字盤があるデザインが特徴の、Ｈ－１の改良に取

図2-8　ジョン・ハリソンによるマリンクロノメーター「H-1」（写真提供：Granger／PPS通信社）

り掛かりました。1741年に完成した2台目のH－2は重量が39キログラムと若干増えたものの、数々の工夫が加えられていました。駆動力を一定にする、気温の変化に対する補正を素早く行うなどによって、精度も向上し、王立協会による過熱・冷却や長時間の振動試験にも耐えて優秀な成績を残したのです。しかし、ハリソンはこの時計を経度評議員会に見せただけで、実験航海に提出せずに再度持ち帰ってしまいます。

18年の沈黙を続け、息子のウィリアムも加わってつくり上げたH

－３は、部品点数７５３点で構成され、高さ60センチメートル、幅30センチメートル、重さ27キログラムにまで小型化され、温度特性の異なる金属を張り合わせたバイメタル板のサーモスタット、減摩装置として今も使われるボールベアリング、棒状のテンプの代わりに開発した円形のテンプなど、画期的な発明が数多く取り入れられていました。

そして、66歳を迎えたハリソンが１７５９年に、自信をもって経度評議員会に提出したＨ－４は、重さこそ１・４キログラムありますが、サイズは直径13センチメートルまで小型化され、懐中時計型のウオッチにまとまっていました。

外観も画期的なＨ－４でしたが、なかの部品は外見以上に素晴らしいものでした。文字盤の下で回る歯車の間では、美しく輝くダイヤモンドとルビーが、摩擦から部品を護っていました。それまでの置時計では、減摩歯車とグラスホッパーという金属の部品が担っていた仕事を、精巧にカッティングされた小さな宝石が一手に引き受けていたのです。

ハリソンは、「不遜を承知で言わせてもらうなら、この経度測定用時計よりも美しく、また興味深い仕組みをもった機械的、数学的装置は世界のどこを探しても見当たらないだろう……」と述べています。

Ｈ－４が経度評議員会で披露されたのは１７６０年で、ポーツマスからジャマイカまで

81日間の航海で誤差がたったの5秒という、経度法の条件よりも約30倍の高精度を収めたのです。しかし、経度評議員会はハリソンの成果を素直に認めませんでした。評議員には天文学者や海軍関係者が多いため、時計の仕組みや構造についての知識が乏しかったことと、天体観測で経度法をクリアすることに執念を燃やしていた天文学者たちの巻き返しが激しくなった影響のようです。

時計史におけるハリソンの功績は極めて大きなものがありますが、彼のつくった全てのマリンクロノメーターの現物は、旧グリニッジ天文台に設置されている国立海事博物館で見ることができます。

日本人の創意工夫による「和時計」

ここで、世界の時計とは大きく異なる経緯をたどった日本独自の「和時計」について触れておきたいと思います。

日本に欧州製の機械式時計が入ってきたのは16世紀半ばです。史実として明らかになっているのは、キリスト教の布教を目的に来日したフランシスコ・ザビエルが、1551年に周防国（山口県）で領主の大内義隆に拝謁した際に贈った自鳴鐘（歯車仕掛けで自動的に鐘が鳴って時刻を知らせる時計）や、１６０９年に千葉沖で難破したスペイン船を救助したお礼に国王フェリペ3世から徳川家康に贈られたスペイン製置き時計があります。時計と言えば、日時計、水時計に慣れていた日本人にとって、機械式時計は大きな驚きでした。特に、ザビエルが献上した時計には、時刻が来るとメロディを奏でる装置がついており、受け取った大内義隆は、初めて見る機械式時計に魅了されたと伝えられています。

当時の欧州では、ガリレオの振り子の等時性の発見（１５８２年）、ホイヘンスの振り子時計の開発（１６５６年）、クレメントの退却式アンクル脱進機の発明（１６７１年）、ホイヘンスによるヒゲゼンマイ使用の時計の製作（１６７５年、第3章参照）など技術革新が次々とあり、時計技術は加速度的に進化していました。

しかも、欧州の人々は、単に完成品を持ってきただけでなく、他の欧州文化・技術などと同じように、セミナリオ（専門学校）を設けて、技術の伝授を行ってくれたのです。時計技術者への育成要員として目をつけられたのは、鍛冶師たちでした。もちろん、進んだ技術とともにキリスト教の普及が狙いでしたが、金属・機械工業の土壌がなかった当時のこのような行いは願ってもないことで、そのまま進んでいれば、江戸時代の日本で時計工業は順調に発展したことでしょう。

ところが、日本の時の政権は、時刻制度に「不定時法」を導入し、1635年には「鎖国政策」を取ったのです。「不定時法」とは、年間を通して、太陽の位置と時刻を一致させる時刻制度で、古代バビロニアで体系がつくられたと言われています。いずれの季節でも、日の出から日没までと、日没から日の出までを6等分するので、季節により時間単位の長さが変化します。自然との関連が深い農耕民族には適し、日時計では計測しやすいのですが、規則正しく時間を刻む機械式時計には適していないため、欧米では機械式時計の普及とともに「定時法」に切り替えられました。

日本はその時刻制度をあえて守ったのですから、時計職人たちの苦労は大変でした。「不定時法」に基づく時計は、欧州の時計技術の教科書にも見当たらず、難しい課題でした。日本に持ち込まれた数少ない西洋の機械式時計をサンプルにしながら、独自で知恵を絞り、和時計を製作したのです。

「季節による変化」には「文字盤の表示を変化させる」ことで対応し、「昼と夜の時間の変化」には「時間を刻む間隔を変える」ことで解決しようとしました。例えば櫓《やぐら》時計（**図2-9**）では、昼夜の時刻の目盛り間隔を変えた文字盤を何パターンか用意し、節気（1

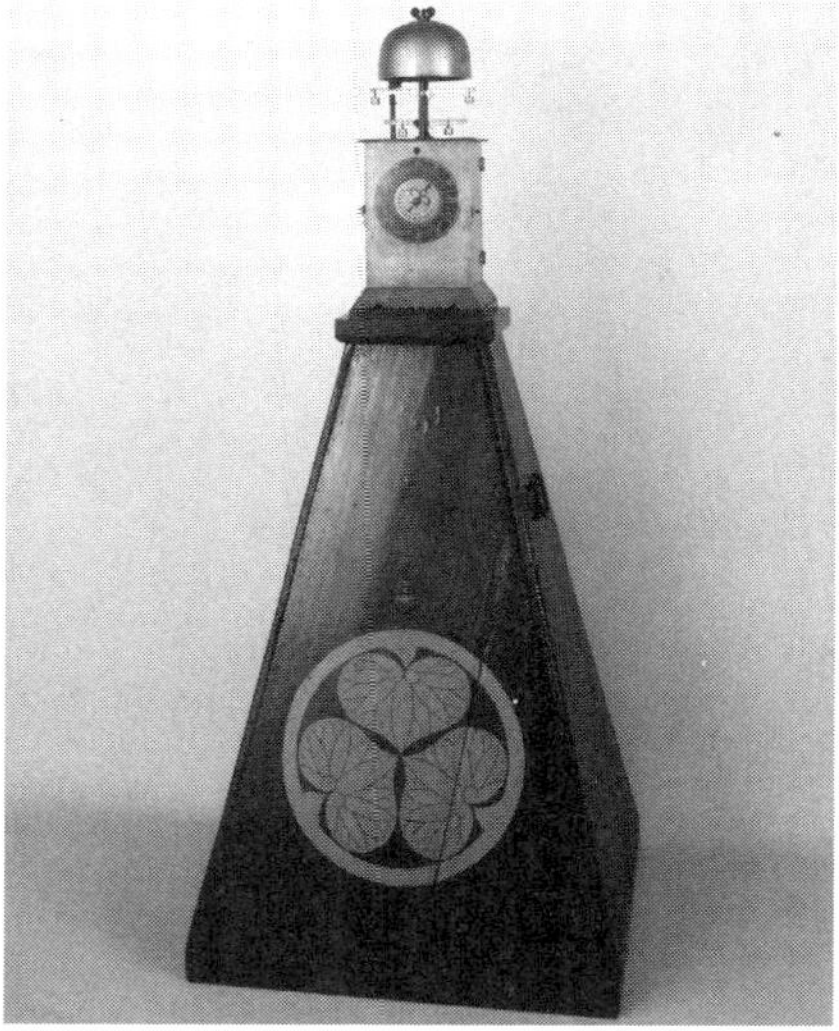

図2-9　櫓時計。高価で、大名くらいしか購入できなかったため、「大名時計」とも呼ばれる。台座の中にはエネルギー源となる錘を収納（写真提供：セイコーミュージアム）

図2-10　割駒式文字盤（写真提供：セイコーミュージアム）

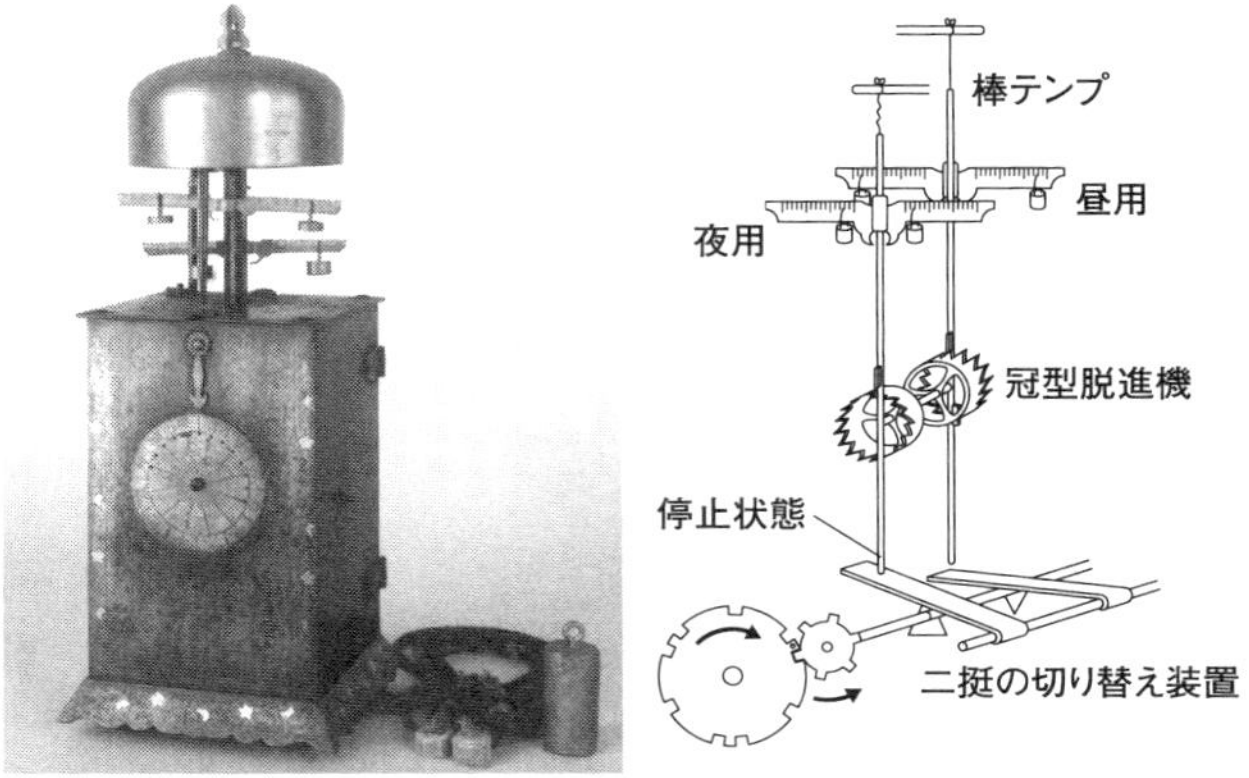

図2-11　2種類の棒テンプを備えた和時計（写真提供：セイコーミュージアム）

年は24節気）に合わせて付け替えたり、文字盤上の時刻目盛りを自動でずらして間隔を変える割駒式文字盤（**図2－10**）を採用したり、他国の時計にはないアイディアが見られます。また、「時間を刻む間隔を変える」には、進行速度の異なる2種類の棒テンプ（**図2－11**）を用意し、昼夜の時間の変化には時を刻むテンプを切り替えることによって対応する手法も編み出しました。

特に、機械式時計の精度を左右する歯車には、真円の円盤を製作し、円盤の外周に等間隔で歯を刻んでいく「歯割り」が不可欠で、精密機械工業の今日の技術水準でも難しい技術です。専用の工具もない時計師が全ての機械部品を一から製造し、組み立てることには計り知れない苦労があったものと想像できます。金属部品の加工を行うには、より高い精度でつくられた工具が必要で、元々の工具の製作から始める必要がありました。

ちなみに、和時計を代表する本格的な櫓時計を製作するにはまとまった時間が必要で、国立科学博物館で和時計研究の第一人者だった故小田幸子氏によれば、１人の時計師が一生かかって製作できた数は、せいぜい5台か6台程度だったそうです。

和時計の時計師たちは多くの工夫を重ね、掛け時計、台時計、櫓時計、卓上時計、懐中時計などのほか、身長計のような縦長の文字板の目盛りを針が指して時刻を示す「尺時計」（**図2－12**）、枕元において使用する置き時計の「枕時計」、印籠の中に機械体を収めた「印籠時計」など日本独自の時計を発展させました。機械の構造上のオリジナリティに加えて、工芸品、調度品、道具としての価値を高めた時計も多く見られるのは、日本人の時計造りの価値観が反映されていて興味深いことです。

江戸時代には、城の中だけでなく、時を鐘の音で知らせる時鐘制度が町中にも整っていました。江戸の時鐘は日本橋本石町の設置（１７１６年）を皮切りに、町の発展とともに増設され、最大9ヵ所で撞《つ》かれるように時鐘システムが整備されていたのは驚きです。ち

図2-12　尺時計。箱の中の重錘が下がるにつれ、取り付けられた指針が表の時刻を指す。時刻の表示板には節気ごとの異なる目盛りが刻まれていて、指針の位置を約半月ごとにずらすことによって時間の変化に対応する。（写真提供：セイコーミュージアム）

なみに、時鐘制度を維持するためには、高価な櫓時計を購入し、重錘を巻き上げ、一日の始まりである「薄明」（日の出直前）で時刻を修正するなど運用のための人件費が必要になりますが、その費用は町民たちから毎月の聴取料として集められていたのです。

この時代に、社会全体に時鐘システムが出来上がっていたのは稀な例だったようで、１８５３年に来日して江戸に滞在していた米国人ペリー提督が、夜中に鳴らされた時鐘の音に驚き、飛び起きたという逸話もあります。

和時計は、１６００年頃から１８７２年の明治の改暦まで活躍したものの、明治５年の改暦によって、時刻制度に現在の定時法が導入され、西洋から定時法に対応した精度の高い時計が大量に輸入されると、見向きもされなくなってしまいました。

低コストで高い精度の電気時計

時計の「時間信号源」に何を採用するかで、精度は左右されるわけですが、交流電気は周波数（日本では東日本は50ヘルツ、西日本は60ヘルツ）をもっており、この周波数を活用したのが電気時計です。交流の周波数が確保できれば、簡単な構造で比較的高い精度の時計ができます。まず取り入れられたのは学校や工場などでしたが、実際には電気の安定的供給がネックになりました。

最初に電気時計の仕組みを考案したのは、アレキサンダー・ベーン（英国）で、1840～1852年に2つの方式をまとめました。一つの方式は、振り玉に2つの永久磁石をつけ、振り子の左右に1個ずつのコイルを配置し、周期的に電流を流して振り子を吸着、反発させるものです。もう一つは永久磁石を固定しておき、振り玉がコイルになっていて、振り子の支点から電流を断続的に流す方式です。

1895年には、英国のF・ホープ・ジョーンズが、30秒ごとに電気信号を発信する親時計と、その電気信号で駆動する子時計で構成される電気時計で、特許を取得しました。原理と仕組みがシンプルで、安定した駆動が得られることが特徴で、天文台などで広く使われました。さらに、1918年には米国のヘンリー・ウォーレンが同期モーターで動く電気時計を開発し、実用が始まりました。

しかし日本では、戦前は停電が多発する上に規定の電圧を維持できないことも多いために、肝心の周波数のサイクルが不安定で理論的な精度が出ないこと、また、夜間には電気代を節約するために建物全体の電源を切るなどのケースも多かったので、普及は進みませんでした。

電気を使用する時計は、電池とトランジスターを採用した一般家庭用の掛け時計で開花しました。そのきっかけになったのが、１９４８年に登場したトランジスターで、時計業界にも革命を起こしました。

ゼンマイ時計の場合は、振り子の自由振動が機械によって拘束されるために、精度にも影響を受けるのですが、トランジスターを採用すると機械が軽くなり、駆動パルスの影響も小さいので、取り付けをしっかり行えば、精度は1桁も向上することが分かったからです。１９５３年にフランスのＬ・アトー社がトランジスターで制御する振り子時計の研究を学会誌で発表し、国内では、精工舎が１９５８年にトランジスター振り子時計の製品化に成功しました。

トランジスター振り子時計が好評を得たことから、置き時計、目覚まし時計への応用を目指し、トランジスター制御によるテンプ式時計の開発が進められ、１９６２年に、「正確で耐久性に優れ、乾電池1個で約1年動く」置き時計「セルスター」が発売されました。さらに、トランジスター・テンプ式を改良し、パワーアップした機械の開発に成功したことで、「電池式掛け時計時代」の幕が開きました。

コラム2　時計の針はなぜ右回りなのか

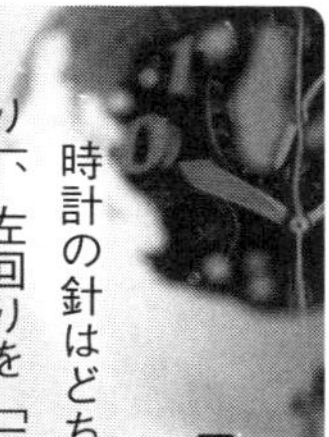

時計の針はどちらの方向へ回るでしょうか。もちろん右に回ります。右回りを「時計回り」、左回りを「反時計回り」などと言う言葉さえあるくらいです。しかも、スイスでつくられた時計も、日本でつくられた時計もすべて右に回るので、海外で製造された時計をその日から日本で使用できますし、日本製の時計を世界のどこへ持っていっても全く支障なく使えます。

しかし、世界では様式が統一されていないことが多いはずです。むしろ、統一されていることは少ない、と言った方が正しいのかもしれません。道路も右側通行と左側通行、電圧も１００ボルトと２００ボルトなどに分かれています。したがって、車も右ハンドルと左ハンドルがあり、電気製品も世界共通では使えません。言語も何千にも分かれ、度量衡にもさまざまな単位が使われていて戸惑いますが、時計だけは万国共通です。

ところが興味深いことに、文字盤も運針の向きも、工業規格などで決められているわけではなく、単に世界の時計メーカーが慣習を受け継いでいるだけなのです。

ではなぜ、時計の針は右回りに統一されたのでしょうか。ちなみに小中学校の運動会へ行ってみると分かるのですが、徒競走のコースはほとんどが左回り（「反時計回り」）に設定されています。これは心臓の位置から導き出された結果で、右回りで走ると遠心力で身体が飛ばされそうな感じがして人間は走りにくいからだそうです。左回りを選択する根拠が窺えます。

時計の針が右回りに落ち着いたのは、時計の歴史から導き出された結論です。人類が初めてつくった時計は、第１章で記述したように、太陽の影の位置で時刻を知る日時計でした。最初の日時計は紀元前４０００〜紀元前３０００年にエジプトで製作されたのですが、エジプトでは日時計の針（影）は右に回ります。その後、欧州で１３００年頃に、機械式時計が発明されたとき、時計職人は人々に愛用されていた「日時計の右回り」を受け継ぎました。

これで疑問は解決したのでしょうか。実は半分しか解決していません。なぜならば、日時計を北半球でつくると影は右に回るのですが、南半球でつくると影は左に回ります。つまり、エジプトや日本で日時計をつくると影は右回りになるが、南半球のオーストラリアやアルゼンチンでは左回りになります。地球の表面積は北と南で半々なのですから、針が右に回るか左に回るのかは半々の可能性です。では、北半球と南半球の人々がどこかで協議でもしたのでしょうか。いいえ、そのような形跡もありません。

針が左回りの「床屋時計」（写真提供：さんてる）

実は、最初に日時計がつくられた時代に時計をつくる文明をもっていた民族は、すべて北半球で生活していたからだったのです。文明が進み各地で時計の製造は始まりましたが、その段階で南半球の人々は、改めて「時計の針を左回りにしよう」と主張することもなく、北半球で採用された文字盤をそのまま受け入れたのです。

しかし面白いことに、日本ではしばらく前には、「左回り」の時計を使っている場所があったのです。床屋さん、つまり理髪店です。お客さんが、鏡に映る時計を見て、びっくりしないように配慮をしたのですが、最近の理髪店はスピーディになり、お客がうたた寝を楽しむこともなくなったせいか、このような時計は見かけなくなりました。

では、文字盤はなぜ０ではなく、12から始まるのでしょうか？

実は人類の文明で０が最初に発見されたのは７世紀のインドでした。数学で０の概念が発見されたのですが、そのとき時計は既に発明されていました。もちろんまだ、機械式時計の姿はなかったのですが、日時計、水時計は各地で使用されており、その文字盤は12から始まっていたのです。

その後、時計の文字盤は修正されることなく、12を頂点に戴いた文字盤が引き続き使用されているというわけです。つまり、時計の文字盤よりも「０の発見」の方が遅かったのが理由です。

もう一つ興味深いのは、ローマ数字の文字盤の４時にはⅣではなく、ⅢⅠが使われていることです。これは14世紀のフランスで、シャルルⅤ世が命じて作らせた時計にⅣが使われていたことに激怒し、ⅢⅠに直させた事例を教訓に、以降の時計職人はⅢⅠを使うようになったと伝えられています。シャルルⅤ世が激怒した理由は「自分のⅤからⅠを引くのは不吉と思ったから」だそうです。

時計の針と文字盤は５０００年の歴史を、そのまま忠実に守っています。

第3章

腕時計の誕生

クロックとウオッチは別物

時計は、携帯用の「ウオッチ」の誕生で、機械の構造も産業形態も大きく変わりました。日本語ではさまざまな時計を総称する言葉として「時計」という呼称が存在するのですが、例えば英語では、置いた状態で使う掛・置・目覚まし時計をクロック（clock）と呼び、携帯用の腕・懐中時計をウオッチ（watch）と呼びます。時計全般を表す「timepiece」という用語はありますが、無機質な機械を意味するニュアンスで用いられます。

ちなみに、clockの語源は中世ラテン語のcloccam（鐘）と言われています。確かに、初期の時計は鐘で時刻を告知していました。

欧米では流通も異なり、クロックは日本で言えば荒物屋・インテリア雑貨屋で、高級ウオッチは宝飾店、低価格ウオッチは日用雑貨店で販売しています。消費構造も、日本では中級品が多いのですが、欧米の先進国では、中級品はもともと少ないのです。

歴史的には、技術の進化で「小型化」「可搬化」で携帯ができるようになり、１６００年頃から懐中時計が流行り始め、１９００年頃から腕への装着が流行になって、「精密さ」「装着の良さ」や「デザイン」が問題にされるようになりました。近年では、クロックはインテリア性が、ウオッチではファッション性が問われています。

ウオッチでは機械体が小さくなると携帯性が高まって喜ばれ、活躍の場が広がりますが、精密さはさらに高いレベルを要求されます。ちなみに規格でも、クロックの製造規格はミリメートル単位ですが、ウオッチの製造図面はミクロン（１０００分の１ミリメートル）単位で引かれます。

製造国では、クロックはドイツ、フランス、オランダなどで隆盛を極め、ウオッチは英国、米国、スイスなどで多数がつくられました。しかし、昔は先端産業だったのですが、時計以外の産業が発展した近年は、スイスを除く欧州では産業としては衰退しています。日本は、国としても、メーカーとしても、両品目に加えて設備時計までを製造しているという点で、世界では稀な存在の「時計大国」なのです。しかも、電子技術の開発力で、世界をリードしています。

一方、電子化の波は世界の産業にも変化を与え、時計産業の基盤がなかった香港が、汎用部品を使った組み立てに特化した形態で低価格品の生産を拡大し、工業化で追い上げる中国の躍進が目立っています。

ヒゲゼンマイの発明

この章では、ウオッチを中心に、主な時計技術の原理と仕組みを見ていきたいと思います。

エネルギー面では、ゼンマイの発明でウオッチへの道が開かれたのですが、調速機構では、1675年にホイヘンスが考案したヒゲゼンマイ付きのテンプが（ロバート・フックの発明との説もあり）、1600年頃から使われ始めた懐中時計に応用され、携帯用時計（ウオッチ）の小型化と精度向上に、大いに貢献しました。

テンプとは、すでに説明した棒テンプの例が典型的ですが、往復運動を重ねることで時間を計る役割を果たします。この往復運動にかかる所要時間を安定させるために開発されたのが、タンバリンのような形をした「テン輪《わ》」と、それに取り付けられた細い渦巻き状の「ヒゲゼンマイ」です（**図3-1**）。

テンプを駆動するエネルギーは、1回ごとに脱進機から補充されますが、テンプの運動を反転させる役目が、ヒゲゼンマイです。脱進機からのエネルギーでテン輪が左方向へ回転を始めると、回転につれてヒゲゼンマイは巻き込まれますが、十分に巻き込まれると、

図3-1　ウオッチ用テンプを構成するテン輪とヒゲゼンマイ（写真提供：セイコーミュージアム）

今度は弾性が働いてヒゲゼンマイが元の姿に戻ろうとするために、テン輪はいったん停止して反転します。今度は右方向に回転していくと、ヒゲゼンマイは元の位置を通り過ぎて開かれていくために、復元しようとする力が働いてテン輪はある角度で停止して反転するのです。つまり、ヒゲゼンマイのお陰で、テン輪は決まったリズムで往復運動（振動）を繰り返すのです。

ヒゲゼンマイは外乱（運動に影響を与える外部からの要因）に強いだけでなく、温度変化に対して弾性係数の変化が小さいという特性を持っています。また、ヒゲゼンマイが動く距離（有効長）を変えることで、テン輪が往復する所要時間を調整し、時間精度を高めることができます。

一般的な機械では、テン輪の往復運動は１秒間に

5ないし6回（片道で1振動）で、8～12回する機械を「高振動時計」と呼びます。振動は多い方が安定し、高い精度を得られるのですが、高振動を維持するためには、強いゼンマイ（大きく、太くなる）が必要な上、主要部品に負荷が大きくなるため、部品の摩耗が多くなります。つまり、高振動時計は精度の点では優位なのですが、機械が大きく、厚く、重くなる上、安定性と耐久性に目をつぶらなければなりません。

脱進機にもさまざまな工夫が

脱進機には多くの人がさまざまな方式を考案しましたが、ウオッチでは、Y字型のアンクルとガンギ車で成り立つ「クラブツース脱進機」（別称：スイス式）（**図3-2**）が、一般的です。構成要素は、ガンギ車、アンクル、テンプの中心にある振り座（大ツバと小ツバ）で、アンクルからのエネルギーをガンギ車に伝達するための要となり、高い頻度で衝撃を伴った接触をするツメ石には、硬い人工ルビーが使用されます。

アンクルがガンギ車を止めている状態では、アンクルはテンプのいかなる部分とも接触をしていませんが、テンプが矢印の方向に動くと、振り石がハコの中に入り込み、アンクルのサオが横に動いて、ツメ石（入ヅメ）で止められている歯を離します。ガンギ車は1

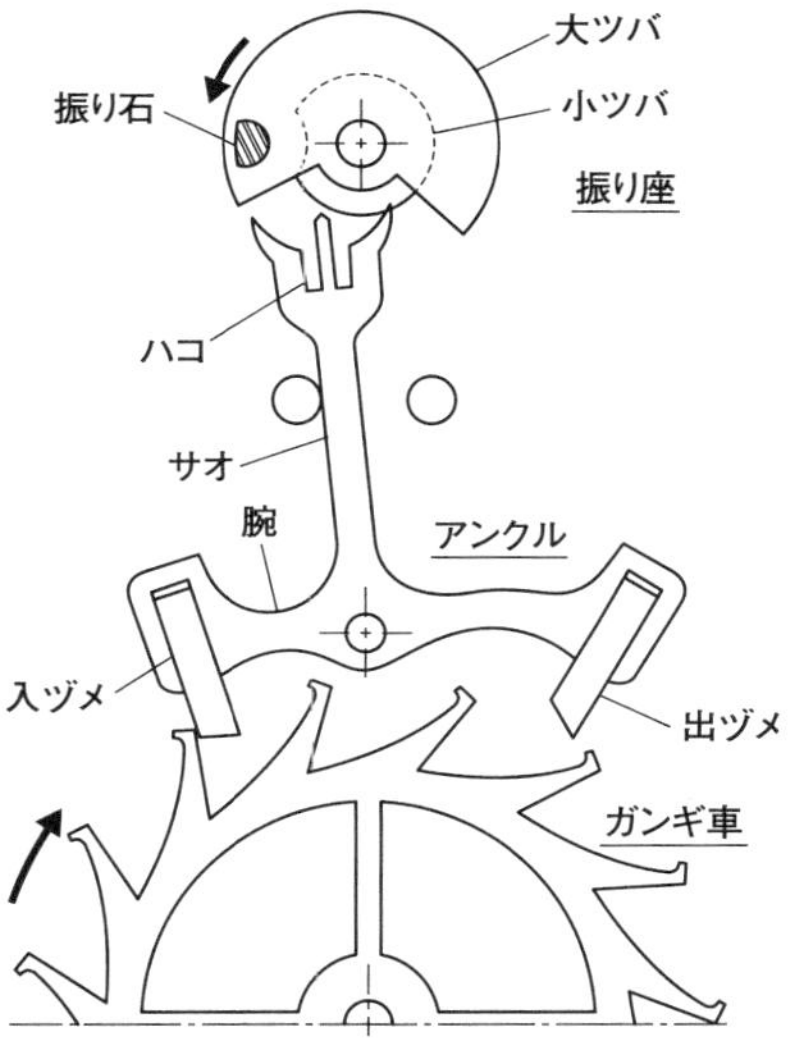

図3-2　クラブツース脱進機の構造

歯だけ回るのですが、反対側のツメ石（出ヅメ）がストッパーになって、ガンギ車の回転を止めます。次にテンプが引き返し、振り石が元の位置に戻ると、サオは反対に動き、ストッパーになっているツメ石が外れます。２つのツメ石が、ガンギ車の歯に差し込まれて車を止めたり、歯を蹴って進める動作を、２拍子のリズムで規則正しく繰り返すことで、時間精度を制御し、ガンギ車が回転するのです。

モデルになったのが、トーマス・マッジが１７６０年頃発明した「ラチェットツース脱進機」（別称：イ

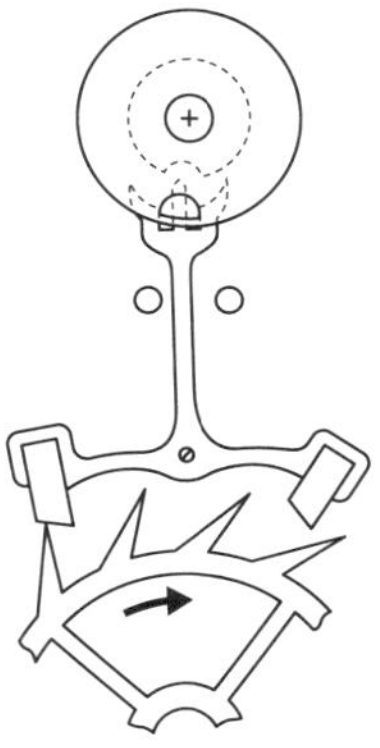

図3-3　ラチェットツース脱進機

ギリス式、**図3－3**）です。ラチェットツースはアンクルの動きを受けるガンギ車の歯先がとがっているために、アンクルへの衝撃が大きいのですが、クラブツースではガンギ車の歯先を、衝撃を緩和する「受け」となる形（ゴルフクラブのヘッドに類似）に加工しています。

2つのツメ石が機能を分担していますので、さまざまな方向から加わるショックに比較的に強いため、ウオッチの特性に適していますが、アンクルの先のツメ石とガンギ車の歯が、衝撃を伴って直接ぶつかり合うことと、両者の接触距離が長いため、摩擦が大きいという欠点があります。摩擦が大きいとエネルギーの伝達効率が落ちる上、部品が摩耗し、摩擦を緩和するための潤滑油が必要になります。ところが、潤滑油は微量ずつ揮発する上に劣化をするので、分解掃除が不可欠になるのです。

この欠点をなくすために、1974年に英国の時計師ジョージ・ダニエルズが考え出したのが、2枚のガンギ車を同軸上に配置する「共軸脱進機」（**図3－4**）です。ツメ石と

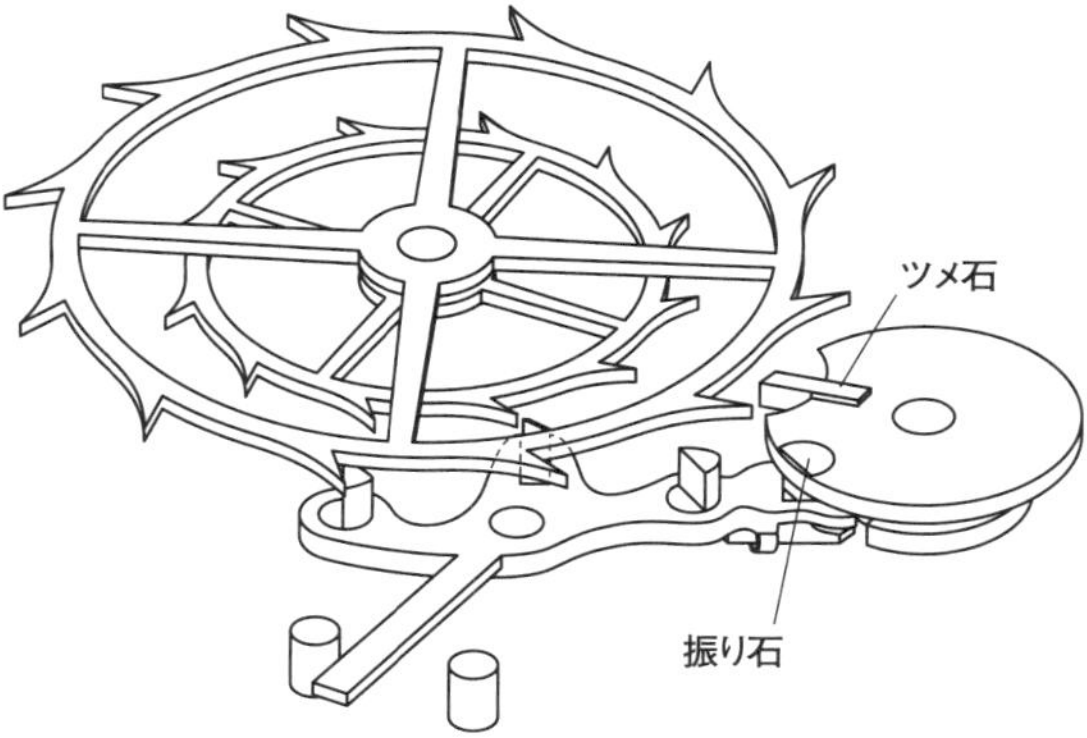

図3-4　共軸脱進機の構造

ガンギ車の歯との接触距離は、クラブツース脱進機の15分の1以下となり、エネルギーの伝達効率が高まり、時間精度も高まります。また、ガンギ車の歯先にかかる衝撃と摩擦を部品素材の強度内に抑えられるため、摩擦は理論上ゼロになります。したがって、理論的には潤滑油は不要です。

この原理を製品に応用したのがオメガで、「コーアクシャル（共軸）方式」と名付け、１９９９年に販売を開始しました。

便利な自動巻き機構

最初の機械式時計のゼンマイを巻き上げるのは、指先でリュウズを挟んで、往復させて巻く、「手巻き機構」でした。リュウズにつながっている巻き真が回転し、同軸のツヅミ車が回転し、噛

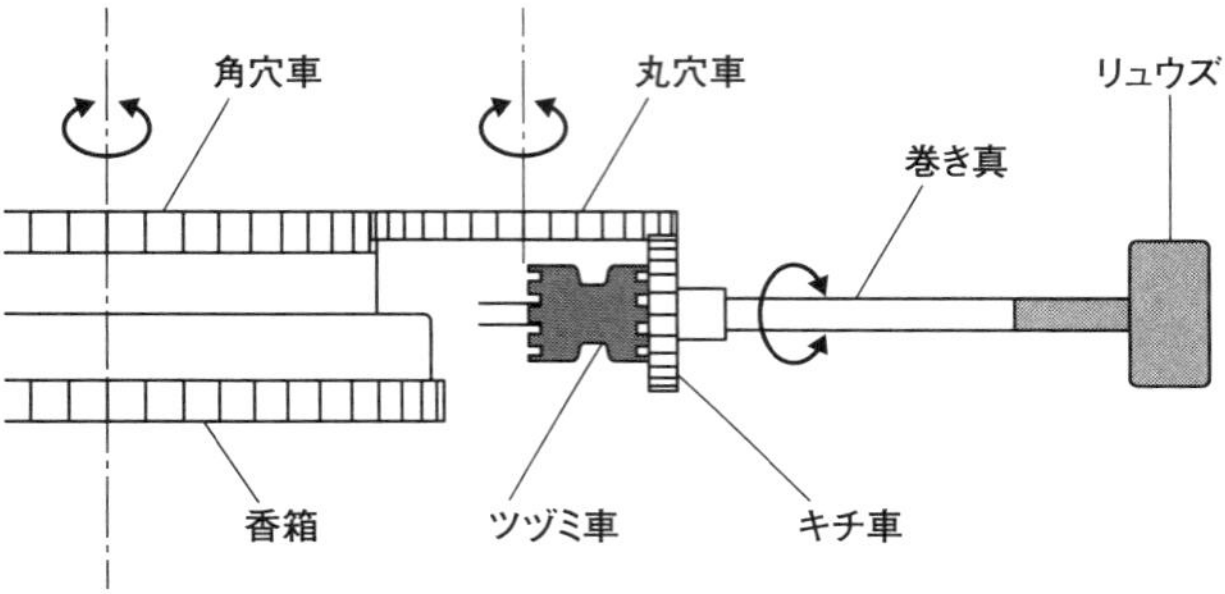

図3-5　真横から見たリュウズからゼンマイまでの構造

み合っているキチ車によって香箱に収納されているゼンマイが巻き上げられます（**図3-5**）。

ポイントは、指を離すと逆転してゼンマイが解けてしまわないように、角穴車に「コハゼ」（**図3-6**）という逆転防止の部品が、取り付けられていることです。非対称の形に加工されたコハゼの先端が角穴車の歯に食い込み、決められた方向に回転するときには外れますが、逆方向に進む力が加わると、ストッパーになります。しかし、リュウズを巻き忘れると、パワーが落ちて精度を保てなかったり、ゼンマイが解け切って時計が止まったりします。

そこで考え出されたのが、腕に付けていれば自動的にゼンマイが巻き上げられる「自動巻き機構」です。時計の中にヘビーメタル（タングステンを主成分にした比重が重い合金）でつくられた片重り（重さの偏

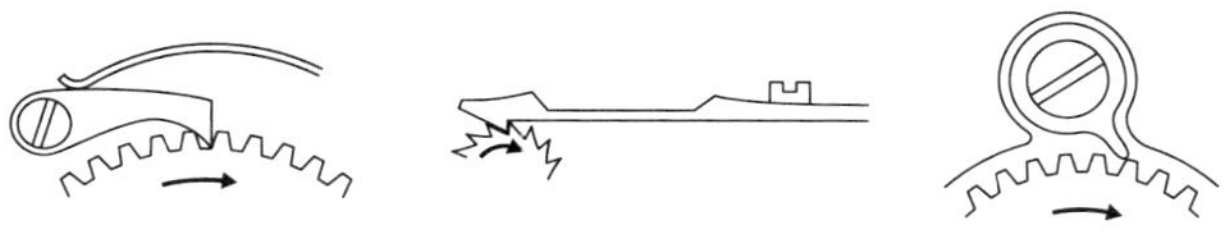

図3-6　コハゼ

り）のある回転錘が仕込まれており、ユーザーの腕の動きと地球の重力の位置関係を利用して、小刻みにゼンマイを巻き上げます。

時計史では、自動巻き機構を初めて考案したのはスイスのペルレ（1729～1826年）の懐中時計とされていますが、アイディアの特許も取らなかったので詳細は分かりません。腕時計で詳しい記録が残っているのはジョン・ハーウッドで、1924年に特許を取得しました。ハーウッド方式は、錘つきレバーがゼンマイの入っている香箱と連結していて、手首の動きとともに時計が動くと、レバーが左右に振れてゼンマイを巻き上げます。

その後さまざまな方式が考案されました。

ロールス方式　ムーブメント（アナログ時計の機械体）が文字盤と同時に最大3ミリメートルほど上下に動き、その力を利用してケース両側につけられたレバーを駆動してゼンマイを巻き上げます。

オートリスト　手首の筋肉が曲がったり膨らんだりするときにベルトに加えられる力を利用してゼンマイを巻き上げます。

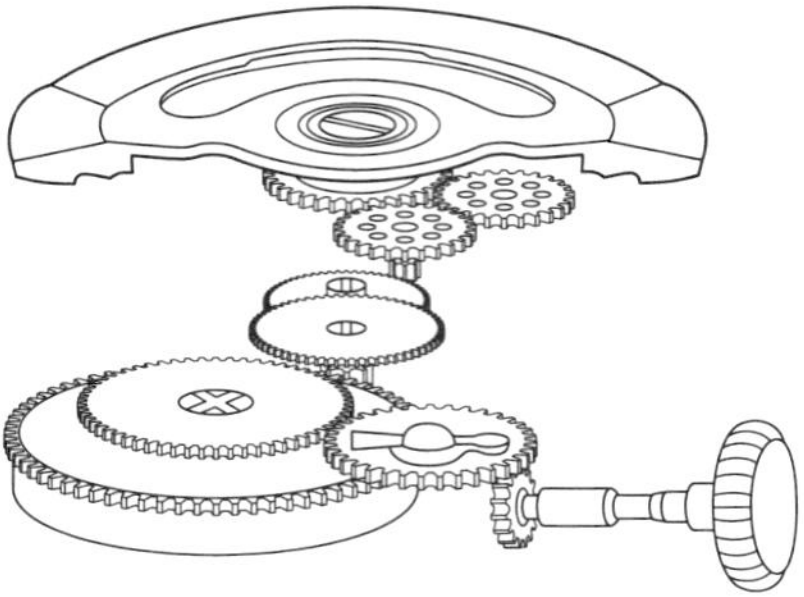

図3-7　歯車を多数使用した初期の自動巻き機構

ロレックス方式　機械の外側につけられた半円形の回転錘が左右いずれの方向にも回転し、ゼンマイを巻き上げます。回転錘は静止するのが難しい形状をしているので、時計の少しの動きでもエネルギーに変換し、効率が良いのがメリットです。１９３１年に特許を取得した際には、巻き上げは一方向でしたが、１９５０年代に両方向に可能となるよう改良されました。

ジャガー・ル・クルト方式　錘が地板に開けられた弓形の溝の中を往復して、ゼンマイを巻き上げます。同方式の利点は、回転錘を使わず、錘の厚さがムーブメントの厚み中に収まるため、機械体が厚くならないことです。

エテルナ方式　軸受けにボールベアリングを使い、回転錘の回転方向に関係なくゼンマイを巻き上げます。

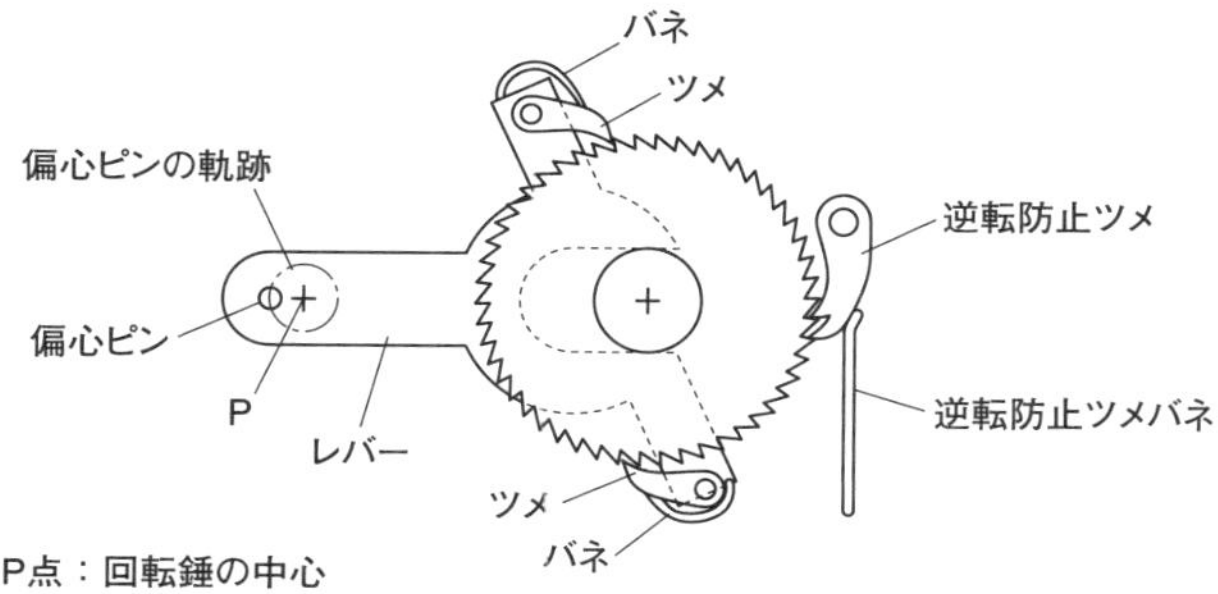

図3-8　シェフィールド方式の自動巻き機構

ウルトラ方式　回転錘がいずれの方向に回転してもゼンマイが巻き上げられるのと、標準型のムーブメントにも自動巻き機構を組み込めるのが特徴です。

シェフィールド方式　それまでの自動巻き機構では、多くの歯車を使用する複雑な構造（**図3－7**）が多かったのですが、レバーと逆転防止のツメを採用して構造がシンプルになっているのが特徴（**図3－8**）。回転錘からの往復運動をレバーに伝え、ツメが車を押してゼンマイを巻き上げますが、解ける方向の回転には逆転防止のツメがストッパー役に働きます。

セイコーのマジック・レバー方式　シェフィールド方式がヒントになっていますが、ツメとバネを一体化し、ツメに逆転防止機能も持たせたことで、７つの部品を一つにまとめるなど、構造がよりシンプルになっています。回転錘から与えられた往復運動をマジッ

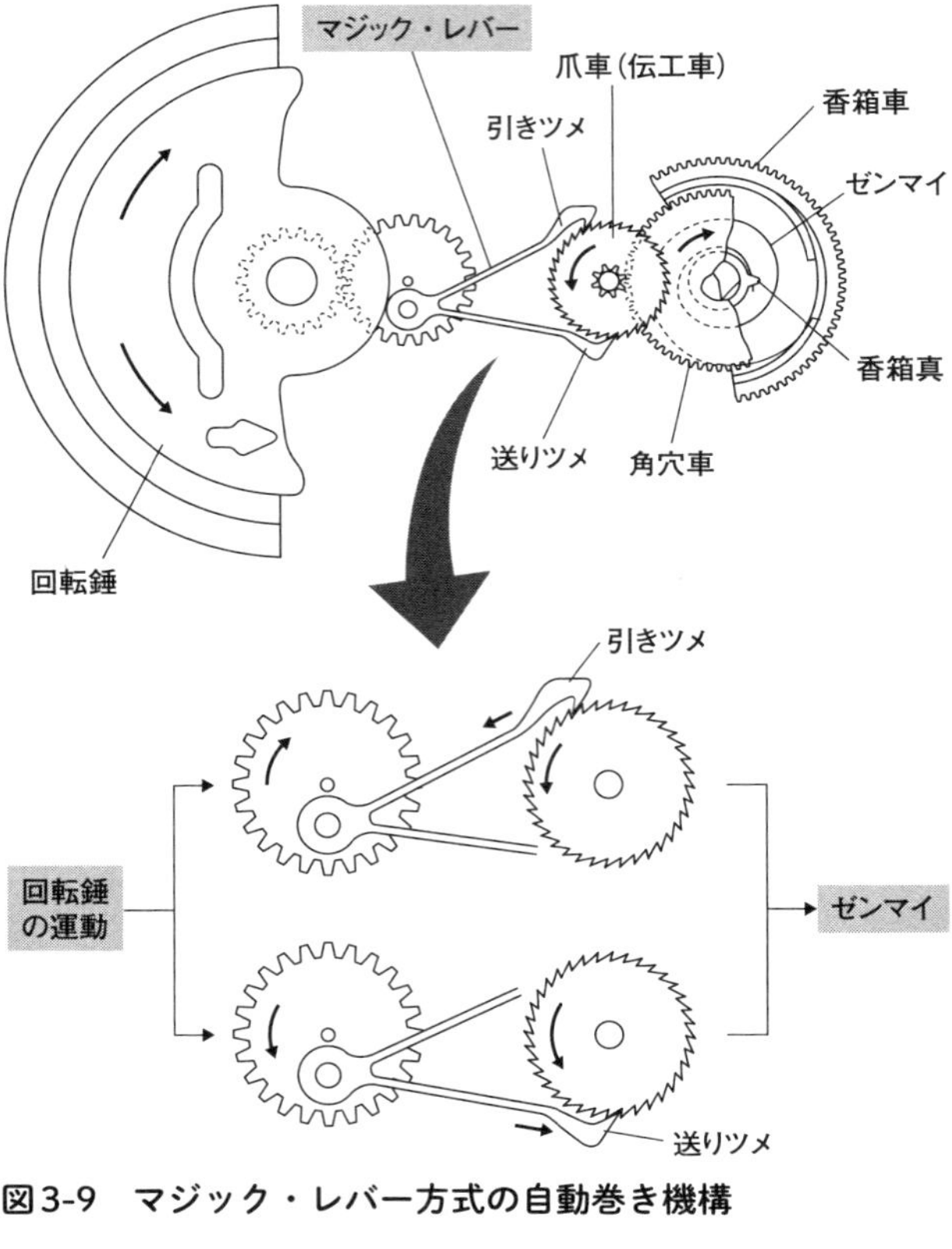

図3-9　マジック・レバー方式の自動巻き機構

ク・レバー（**図3－9**）と名付けられたツメレバーで伝え、車を一方向にだけ送り、ゼンマイを巻きます。

自動巻き機構は、ゼンマイを巻く手間が省けるだけでなく、ゼンマイがある程度巻かれている状態が保たれるため、供給されるパワーが一定になり、時間精度を向上させることにも役立ちます。

「姿勢差」を補正する機構

機械式腕時計の精度を高める一助として、「姿勢差」による精度のムラを補正するために開発されたのが、トゥールビヨン機構です。腕時計の姿勢は絶えず変化していますが、精度の決定に要となる脱進機と調速機の姿勢も常に移動させていれば、姿勢の偏りによる時間の誤差を補正できるとの考えで開発されました。トゥールビヨンとは、フランス語で「渦巻き」の意味ですが、渦巻きのように回転する脱進機と、調速機の様子から名づけられました。

機械式の腕時計や懐中時計は、12時位置が上になるか下になるか、など時計の姿勢の違いによって、時間精度に差が生じます。したがって、静止状態では同じ精度の時計であっても、デスクワークの人と、外回りが多い営業マンが使用するのでは、結果精度に差が出ます。

これは地球の重力が、脱進機の速度を調節する調速機構（テンプ）の働きに、影響を与えるからです。テンプはテン輪と呼ばれる車状の部品が、半円を描く往復の円周運動を繰り返しながら時間をカウントしますが、テン輪の姿勢が縦になったり、横になったりすることによって重力の変化の影響を受け、僅かながら、円周運動の所要時間が短くなったり、延びたりするからです。

１７９５年にアブラアン・ルイ・ブレゲが開発した「トゥールビヨン機構」と呼ばれる方式は、精度を左右する上で重要な脱進機と調速機全体を一つのキャリッジ（カゴ枠）に収め、キャリッジごと1分間に1回転させることで、テンプの片重り等による姿勢差を解消しようとしました。

１８０１年にジャン・ブランパンが特許を取得した「フライング・トゥールビヨン機構」は、ボールベアリング付きのキャリッジをムーブメントに組み込むもので、テン輪が中央から外れているのが特徴です。

スポンサーが育てた時計師

18世紀の欧州で、高価な時計を注文し、優秀な時計師たちのスポンサーになっていたのは王侯貴族でした。重要な時計を製作したり、新たな技術を開発するのには、時間と費用が掛かるのですが、彼らの生活を支えるためには、価格を二の次にしたスポンサーたちの理解と、継続的な注文が不可欠だったのです。

その１人がフランス革命でギロチンの露と消えた悲劇の王妃マリー・アントワネットです。マリーは１７７０年にオーストリアからフランスの皇太子の元に嫁いで来ましたが、4年後に皇太子はルイ16世として王位に就き、王妃に就いてからのマリーはあらゆる贅を尽くして国民から顰蹙を買いますが、時計の収集家としても有名でした。

マリーのお気に入り時計師の１人は、天才時計師ブレゲだったのですが、他国の王族や貴族からも注文を受けるブレゲを見て、マリーは自分のために「至高の品」をつくらせようと考えました。１７８３年に注文された要望は「金と時間に糸目は付けないから、考えられるすべての機能を備えた世界一美しい時計をつくるように」というものでした。

ブレゲは自分の技術をすべて盛り込もうと考え、自動巻き、音で時刻を知らせるミニッ

図3-10　「至高の時計」としてつくられたマリー・アントワネット（写真提供：ブレゲ）

ツリピーター、月による日数の違いやうるう年の調整を組み込んだ永久カレンダー、日時計との時間差を表示する均時差装置、金属寒暖計などの高度な機能を組み込む構想を立て、作業に取り掛かりました。ところが、６年後の１７８９年に起きたフランス革命によって、マリーもブレゲも生活が一変します。

マリーは時計の注文から10年目の１７９３年10月に処刑され、協力者とみなされたブレゲは命からがら母国のスイスに帰りましたが、革命の嵐が一段落した１７９５年にパリに戻って時計店を再開し、再び時計づくりを始めます。そして、１８２７年に、この世で最高の時計「マリー・アントワネット」が完成します（**図３―10**）。注文から44年の歳月を費やし、職人に払った工賃の合計は1万６８６４フランだったと伝えられています。売値としては、今の貨幣価値で3億円は下らないでしょう。

残念ながら、マリー・アントワネットは、自分の注文した「至高の時計」を見ることができなかったのですが、ブレゲはマリーのお陰で最高の時計をつくり、技能をさらに磨くことができました。

精度の証明「クロノメーター規格」

ウオッチの品質向上に一役をかったのが、スイスで行われたクロノメーター規格の制定と検定試験です。

当初は天文台で、主に精度テストや特別調整品の検定を行っていました。１８６６年に検定を始めたジュネーブ天文台（１９７５年まで）での項目は、①デッキ・クロノメーター、②ムーブメント（機械体）直径が38～43ミリメートルの懐中時計、③直径38ミリメートル以下の懐中時計の３つの分野でしたが、１９４４年に直径30ミリメートル以下（腕時計に相当）のムーブメントが加えられました。

１８６０年に始めたニューシャテル天文台（１９６７年まで）では、①マリン・クロノメーター、②直径70ミリメートル以下のデッキ・クロノメーター、③直径50ミリメートル以下の懐中時計、④腕に装着されるためにつくられたクロノメーター（１９４１年から）の４分野でした。天文台では業界の質的向上を促すために、１９４５年からは精度コンクールも実施しました。

１８７７年からは量産機種用の時計を検定する機関がビエンヌ、ラ・ショー・ド・フォン、サンティミエ、ジュネーブなどスイス各地に発足し、独自の検定を行っていましたが、１９５１年にスイス公式クロノメーター検定機関（本部ラ・ショー・ド・フォン）として統合され、検定基準は１８９８年から１９７３年までの間に10回変更されています。

この基準によれば、「CHRONOMETER（クロノメーター）」とは、公的検定機関によって実施されるムーブメントの検定規格のことで「高精度時計であり、異なる姿勢差、温度差で調整され、合格証を授与されたもの」と定義されています。現在では、時計の姿勢（５方向の姿勢）と検査室の温度を変えて（８度、23度、38度の３段階）、15日間にわたり精度を測定し、平均日差プラス６秒マイナス４秒など各項目の規格をパスした時計のみにクロノメーターの称号と証明書が与えられます。

検定は、機種ごとや、抜き取りサンプルではなく、全数が試験にかけられるところに意義があり、パスしたムーブメント（機械体）には固有番号と項目ごとの検定結果を記した検定局長のサイン入り証明書が添付されます。ちなみに、検定では、検査員に予見が入らないよう、文字盤と針はブランド名などが入らない無地の部品を取り付けることになっています。

時計の普及に貢献した量産技術

時計の低価格化は庶民に大きな恩恵をもたらしました。時計が一部の特権階級の持ち物から各層に行き渡ることにより、庶民も自分の生活を確立できるようになったからです。時計が特権階級の持ち物だった時代には、従業員が時計を持っていないことにつけ込み、工場の掛け時計の時間を操作して、契約条件以上に長時間労働をさせる悪徳経営者もいたのです。

時計の価格を画期的に下げたのは、19世紀初めに米国で確立した分業による大量生産方式です。それまで欧州を中心に生産されていた時計、特に腕時計は、年季を重ねた職人が部品の製造から組み立てまでのすべての工程を行うために、価格が高く、庶民にはとうてい手の届かないものになっていました。

しかし、米国では1798年にイーライ・ホイットニーがマスケット銃で「互換性のある部品による大量生産方式」を導入して以来、大量生産方式をさまざまな工業製品の生産現場に採用し、生産の革新が図られました。時計の生産に導入したのはイーライ・テリーで、1802年にコネチカット州にクロック工場を建設し、25の作業工程に分けた分業方式で年間200個のクロックを生産しました。もっとも、生産された時計が順調に売れなかったため、テリーは自分で時計を売って回るはめになりました。

ウオッチの大量生産に取り組んだのはアーロン・デニーソンです。1853年の時点では、最初のウオッチを1個つくるのに21日を要しましたが、1859年には4日に短縮できました。幸運なことに、デニーソンの時計は南北戦争による特需や、鉄道会社の大量購入で飛ぶように売れたため、多くのウオッチメーカーが誕生しました。

さらに、さまざまな分野の1ドル商品を企画し、通信販売で成功を収めていたロバート・インガソルが時計でも1ドル商品を実現し、「ワンダラー・ウオッチ」は爆発的に売れて時計市場を大きく広げました。時計の大幅なコストダウンと、大衆の支持を集めた時計づくりは、富裕層を中心に置いていた時計先進国の英国、スイスに大きな衝撃を与えたのです。

製造技術を確立して、均質な部品（互換性がある）を製造し、職人の技能が必要な組み立て・調整の工程で熟練作業者を活用するものの、簡単な部品は経験の少ない工員にさせるなど、分業制を敷いたことで、大幅なコストの削減が可能になりました。

品質管理を認識させた鉄道事故

時計の精度が人々の安全性に直接的な影響を及ぼすことが明らかになった例が、1891年4月19日に米国・オハイオ州のキプトンという町で起きた鉄道事故です。湖岸・ミシガン南部鉄道の単線線路上で2本の列車が正面衝突し、11名の死傷者を出す惨事になったのです。事故の原因は、片方の運転士の持っていた時計が5分遅れていたことでした。

その日、郵便急行列車4号は東に向けて走っていましたが、同じ線路の上には、西に向けて走るもう1本の列車がいたのです。この列車は、キプトンで一旦は退避線に入ったのですが、機関士の時計が5分遅れていたために、機関士は自分の列車が5分早く到着したものと勘違いし、予定時間までには、次の駅まで行けると判断して、列車を出発させたのです。信号交換手は慌てて列車の車掌に「郵便急行列車4号は時刻表通りである」旨を告げたのですが、車掌はこれを完全に無視しました。

事故調査が進むにつれて、鉄道会社は、思いもよらない事故原因に大きなショックを受けました。鉄道会社では、時計に特別な規定を設けていなかったので、鉄道員たちは身の回りにある適当な時計を使用していたのです。ある乗務員は家にある目覚まし時計を持参して車掌室にぶら下げていたり、別の乗務員は吊るしの背広のチョッキの景品だった安物の懐中時計を頼りに運転をしていました。

湖岸・ミシガン南部鉄道は、この調査結果に衝撃を受け、改善案の検討を外部の時計販売会社に委嘱しました。同社が1893年にまとめた改善案は、①鉄道用時計として必要な最低条件を決めること、②鉄道員の持つ鉄道時計の正確さを維持するための監査委員と時計の監査方法を決めること、などでした。

ちなみに、鉄道用時計として必要な最低条件とは、「時計のサイズは18または16型」「5方向の姿勢での調整を経たもの」「1週間の計時でプラス・マイナス30秒以内の誤差」「華氏プラス40度、マイナス95度の温度差での調整を行う」「リュウズが12時の位置についている」「文字盤の文字は、装飾のない太字で書かれた簡素なアラビア数字である」ことなどで、時計品質としての最低基準とともに、誤認を避けるための「見やすさ」も考慮されています。

保守管理面での規定では、「乗務員の時計は、2週間ごとに監査を受け、週に30秒以上の誤差の生じた時計は、修理・調整に回す。適合している時計も1年に1回の分解掃除を行い、検査記録を保持すること」を義務づけました。

この提言が良く理解され、守られたことによって鉄道界における時計と時間管理が確立し、ひいては時計の品質向上に大いに貢献しました。

電池式ウオッチの登場

自動巻き腕時計の登場で、機械式ウオッチは格段に使いやすくなりましたが、一般的なゼンマイの持続時間は約48時間で、週休2日制の導入で2日間腕から外しておくと、時計が止まってしまうのが悩みでした。

各国で電池式ウオッチの研究が行われ、最初に米国エルジン社とフランスのリップ社が共同開発した「テンプ調速式電池時計」を発表したのですが、製品化には至りませんでした。商品を最初に発売したのは、米国のハミルトン社です。ゼンマイ以外の主要構成部品は一般の機械式と同じですが、電池の有効期間であればエネルギーで止まることがない上に、パワーが安定的に供給されるため、精度面でもプラスの効果が期待できました。

ゼンマイによる機械式でのエネルギーの流れは、香箱車→輪列→ガンギ車→アンクル→テンプの順でしたが、テンプ式電池時計では、電池→テンプ→アンクル→ガンギ車→輪列と、まったく逆になります。その後、他社からも同様の商品が発売されましたが、機械部品の接触によってスパークが発生して接点不良が起きるなど、問題を抱えていました。

これを解決したのが日本のシチズン時計で、機械的接点をなくし、トランジスターなどで構成された電子回路で制御する電磁駆動機構を開発したのです。電気エネルギーが電子回路に流れ、可動磁石と一体となったテンプを、電磁駆動装置で振動させます。それによって、ウオッチの電子化への流れは急速に進みます。

実用性を高めた防水仕様

腕時計が普及すると、人々は時計をしたままで日常生活を送ることになりますが、そこにはさまざまな環境が待ち受けています。

課題解決のために大いに役立ち、実用性を高めたのが防水機能です。防水機能が備わっていることによって、時計をしたままでユーザーが水に近付けるなど、使用環境の制約を緩和できるからです。また防水構造は、気密性が高まることでチリやホコリの侵入を防ぎ、温度の変化、湿気、砂、油に対する耐性をもち、機械体を良好な状態に保つことにも貢献します。一方ユーザーからすると、防水機能はあった方が安心なのですが、防水構造や防水パッキンは時計の厚みを増し、重くする要因なので、デザイン上のスマートさと相反する要素になります。

世界初の防水時計は、金属の塊をくり抜いたケースとねじ込み式リュウズの組み合わせによる構造を採用した機種で、１９２６年にスイスのロレックス社から発売されました。当初は一部の専門家のための特殊機能と思われていましたが、後年にはさまざまな構造、加工方法が開発され、コストも下がったことで、一般の時計にも広がりました。

ここでは、日本工業規格（ＪＩＳ）と国際標準化機構（ＩＳＯ）の規格に基づく、日本メーカーの防水仕様を紹介します。

非防水時計　水に浸かることを想定しないタイプで、ケースの厚みを極力薄くしており、ドレスウオッチや女性用のブレスレットなどに多く見受けられます。欧州はもともと気温が低く、乾燥しているため、特にガードされていないものも多いのですが、日本は高温多湿の気候なので、夏場には使用後に汗を拭きとるなど注意が必要です。汗にはさまざまな物質が含まれており、金属を傷めてしまうため、ケースの合わせ部分の隙間から入り込む可能性に注意しなければなりません。日本メーカーの製品には、汗を防ぐための防汗パッキンが入れられているものもあります。

日常生活用防水時計（2〜3気圧防水） 洗面や雨など、通常の日常生活で想定される水から時計を護ります。小雨などの「降りかかる水」や、洗面器などに溜まっている浅い水に瞬間的に浸かる程度は大丈夫ですが、浅い水でも水の中に放置することはできません。

日常生活用強化防水時計（5気圧防水） 水をよく使用する仕事や水泳、ヨットなどの水上スポーツに使用できます。リュウズ周りもガードされていますので、洗車のときなどに水圧の掛かった水が当たっても安心です。

日常生活用強化防水時計（10または20気圧防水）　空気ボンベを使用しない素潜りなどにも使用できます。入浴には10気圧防水以上が望ましいのですが、寒いときに入浴するなど、気温の変化の激しい時に繰り返すと、ゴムパッキンの劣化を早めますので、積極的には勧められません。

空気潜水時計（スキューバ潜水用防水、１００～２００メートル防水）　空気ボンベを使用する潜水にも表示されている水深までならば使用できます。

飽和潜水時計（飽和潜水用防水、２００～１０００メートル防水）　ヘリウムと酸素の混合ガスを使用した飽和潜水でも使用可能です。

なお、日常生活用（強化）防水は耐えられる最大圧力を表示していますが、潜水用防水は表示した水深の水中で動き回る動圧で表示しています。

衝撃への対応

精密機器である時計にとって、衝撃は大きな問題です。時計をしている腕が何かにぶつかったり、着脱時に落としたりするときはもちろん、人が階段を降りる時に腕にした時計に掛かる衝撃だけでもかなりの力です。人間の身体は柔らかいため、さまざまな部位で衝撃を吸収しますが、時計は受け止める部品が小さく、あるいは細かいために力が集中し、負荷が大きくなり故障の原因になるのです。

機械式時計の中で最も弱いのが、テンプの支持部となるテン真で、受けとなる穴石との摩擦負荷を減らすために、両先端部は0・1ミリメートル以下になっています。ここに衝撃の力が集中し、テン真が折れたり変形したりしないように、軸受けに衝撃を吸収する仕組みを施したのが「耐震軸受け」です。

スイスでは、1933~1938年にいくつかの方式が考案されていますが、ここでは日本で開発されたシチズン時計の「パラショック」構造（**図3-11**）をご紹介しましょう。

「パラショック」（para ＝防護するの意味）構造の部品は、①受石座、②渦巻きバネ、③

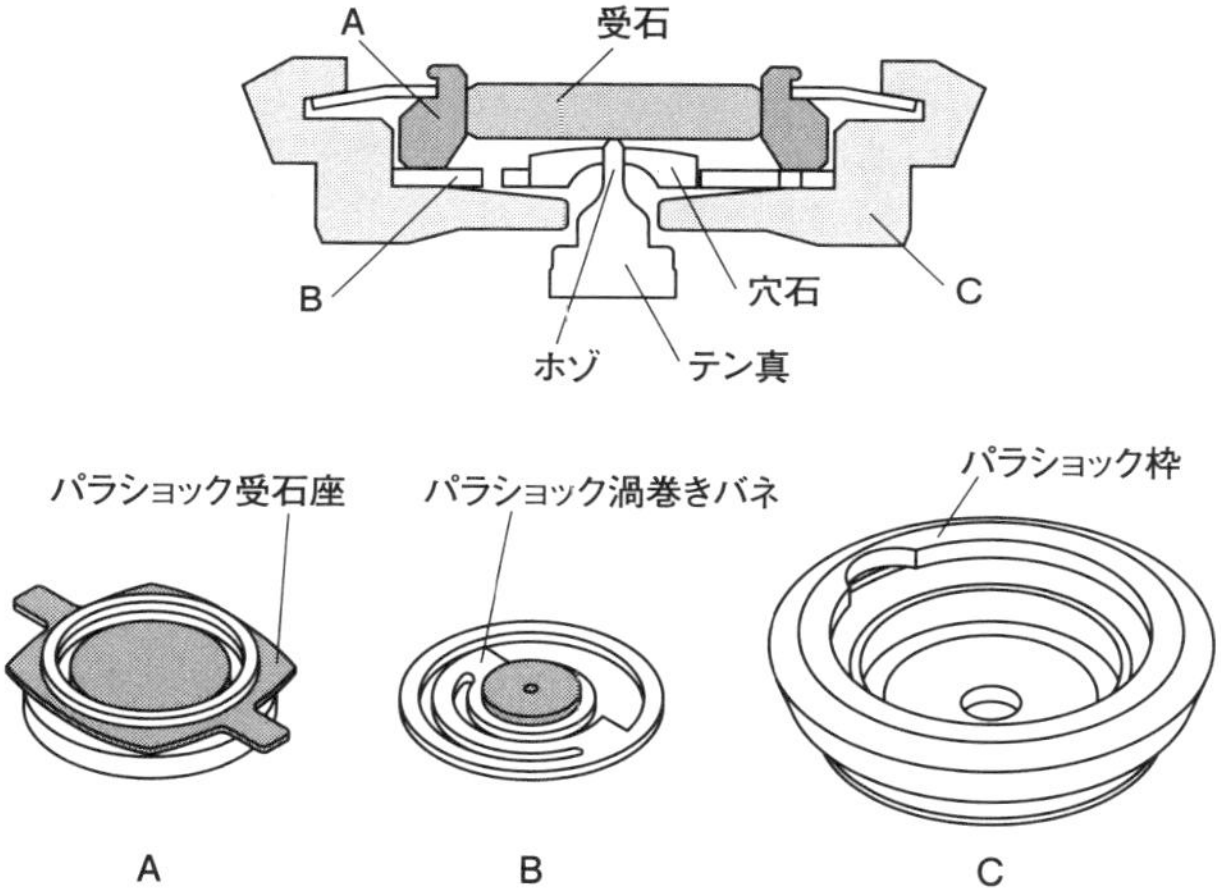

図3-11　パラショック構造と主要部品

枠の３つで構成され、テン真は渦巻きバネに固定された穴石に水平方向、受石座に固定された受石に垂直方向を支持されています。

ところが、時計の水平方向に衝撃が加わると、テン真の枘《ほぞ》が穴石に当たるものの、渦巻きバネが水平方向にたわんで力を逃がすことで枘にかかる衝撃を緩和します。垂直方向の衝撃ではテン真は受石に当たり、受石と一体化した受石座のバネがたわんで力を逃がします。これによって、各方向のショックを吸収し、テン真の枘《ほぞ》を保護します。

シチズンはパラショックの有効性を

PRするために、1956年6月10日に大阪御堂筋で、地上30メートルで静止したヘリコプターからウオッチを投下して性能を確かめる公開実験を行い、日本中に大反響を巻き起こしました。

もう一つの大きな話題を呼んだ耐衝撃性のウオッチが、カシオ計算機が1983年に発売したGショックです。Gショックは、「精密機器はショックに弱い」という常識を破る製品でした。

Gショックは、「5段階衝撃吸収構造」（**図3－12**）と「点接触の心臓部浮遊構造」（**図3－13**）によって、機械体を護っています。

「衝撃に強い時計」をつくるために、カシオの技術者がまず考えたのが、衝撃を1ヵ所ではなく、多段階の部品で吸収する方策です。図のように、機械体を包む部品の5段階で少しずつ吸収し、最終段階までに衝撃をゼロにすることを目指したのですが、当初は落下の高さが10メートルを超えると耐え切れず、相対的に弱い部品が壊れてしまいました。

そこで編み出されたのが「心臓部浮遊構造」です。ボールの球体の中では外的衝撃の影響がほとんど及ばないことをヒントに、機械体をケースの中で宙吊り状態に置くことにしたのです。

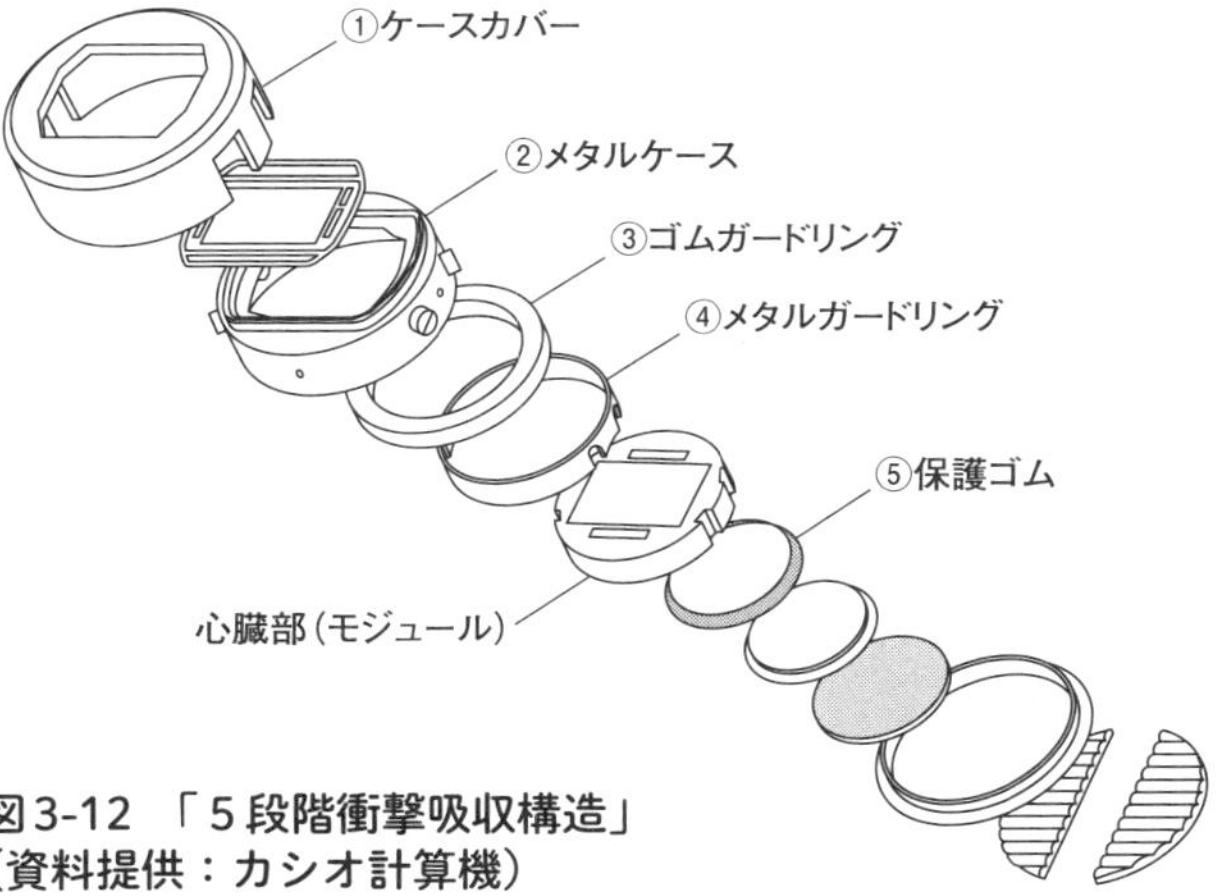

図3-12　「５段階衝撃吸収構造」（資料提供：カシオ計算機）

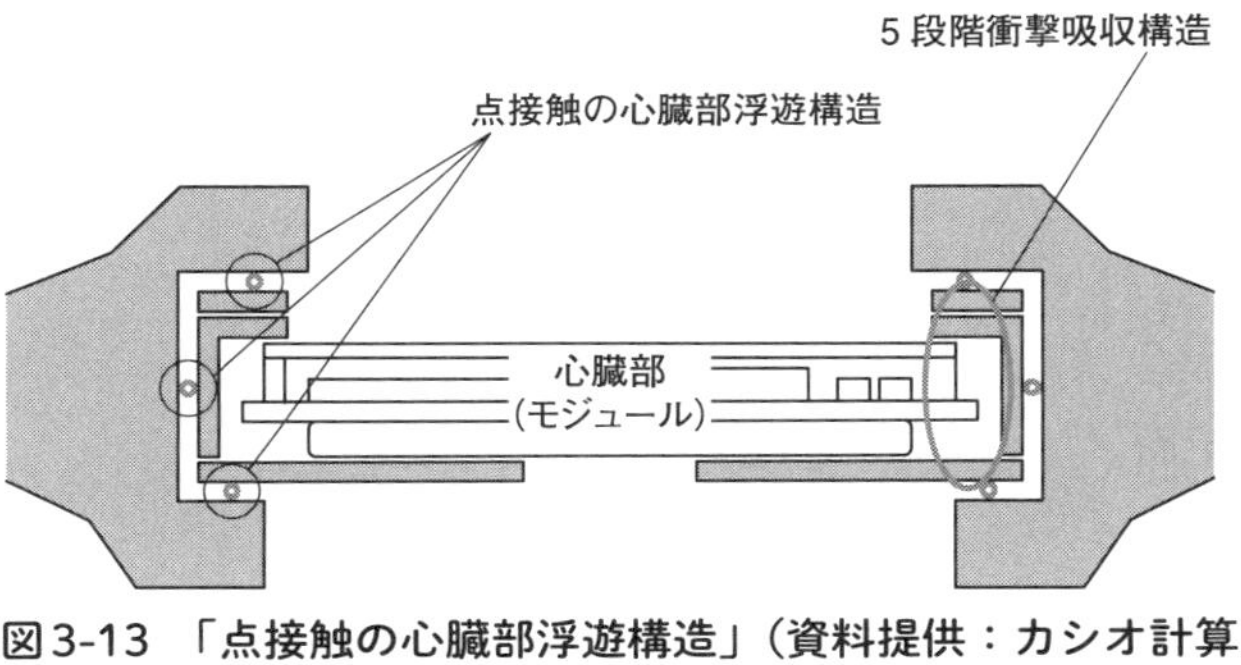

図3-13　「点接触の心臓部浮遊構造」（資料提供：カシオ計算機）

しかも、機械体を支える接点を小さくすれば、伝わる衝撃はさらに小さくなります。接点を支柱や留め金ではなく、小さな球状の緩衝材にしたのです。

カシオでは、「耐衝撃性に優れた性能」をアピールするために、米国ではアイスホッケーの選手がスティックでGショックを打って、ゴールにショットするテレビ広告を放映したのですが、「誇大広告」の嫌疑がかけられました。しかし、地元のテレビ局がつくった検証番組でも時計は壊れず、主張が証明されたことで、かえって良いPRになり、知名度が高まったというエピソードがあります。

コラム3　カッコウ時計がハトに変えられた理由

正時になると時計の小窓からハトが顔を出して、時刻の数だけ鳴くハト時計は子供たちを中心に根強い人気があります。しかし、鳥の種類はたくさんあるのに、なぜハトが選ばれたのでしょうか。

ハト時計が最初につくられたのは１７３０年頃のドイツ・トリベルク付近でした。ドイツ南西部に広がる「シュバルツバルト（黒い森）」に囲まれたこの地域は、冬になると雪で閉ざされるため、近くの森から木を切ってきて家の中でできる木工作りが盛んでした。そこでつくられていた時計は「森のモミの木に止まって鳴いているカッコウの姿」を模していたのです。つまり、ハト時計の原型はカッコウでした。

19世紀に入って、鉄道の技術者が線路のわきにある踏切小屋をヒントに山小屋風イメージを考え出したのが評判になり、今日のカッコウ時計のデザインが完成しました。

カッコウ時計が日本に入って来たのは昭和の初期だったのですが、デザインはそのままながら、鳥の種類はハトに変わってしまいます。ハトは街の鳥なので、ハトが山小屋に居を構えているのは不自然です。日本では、なぜカッコウのままではいけなかったのでしょうか。

説の一つとしては、「日本の子供たちにカッコウは馴染みが薄かったから」という話があります。カッコウを調べてみると、カッコウ科に属し、ユーラシア大陸からアフリカまでの広範囲に繁殖しています。日本には夏鳥として渡来し、九州から北のほぼ全国に生息していますので、森を散策していればカッコウの声を耳にすることもあり、なじみが薄いことはありません。むしろハト時計のデザインに一緒に登場するモミの木や、トンガリ屋根の山小屋の方が当時の日本人にはなじみが薄かったはずです。

一方、ハトのイメージは西洋でも、日本でも良いと言えます。キリスト教の世界では、霊魂や精霊の象徴とされ、日本では昔から八幡神の使いと伝えられてきました。特に白いハトは純潔の象徴として尊ばれます。

そこで生まれた二つ目の説としては、「ハトは平和のシンボルだから」というものです。欧米でハトが平和の象徴とされるのは、聖書の中で「ノアの洪水が収まったとき、陸地がふたたび現れたかを調べるために箱舟から放されたハトがオリーブの小枝を持ち帰った」とされたからです。日本では1919年に、第一次世界大戦の終結を祝った平和記念切手の図案として登場しています。しかし、平和のシンボルとされているのは「オリーブとともに描かれたハト」で、ハト時計には必ずしもオリーブの小枝はあしらわれていません。

三つ目の説は、カッコウは他の鳥に卵を育てさせる托卵の習性があって、卵からかえったヒナは巣の中の他の卵を排除するなど憎まれ鳥だからというものです。たしかに、托卵におけるカッコウの仕業はあまりにも惨いものです。テレビのドキュメンタリー番組で放映していた観察記録では、４個の卵を温めていたオオヨシキリの親が巣を空けたわずかなスキを狙ってカッコウのメスが飛来し、クチバシで１個の卵をつまんで外に捨てると、すぐに自分の卵を１個産むのです。この間わずか7秒の早業でした。手慣れたもので、何度もやっているのでしょう。

事件を知らずに巣に戻ったオオヨシキリが卵を温め続けていると、カッコウがまっ先に孵化します。オオヨシキリの親はかいがいしくエサを運び、エサを１００パーセント独占したカッコウのヒナはみるみる大きく育っていきます。

そして数日たった頃、近くの木にカッコウの親がやって来て、「カッコー、カッコー」と鳴き始めたとたんに、恐ろしい悲劇が始まります。あたかもあらかじめセットされたプログラムにスイッチが入ったかのように、羽根も生えておらず、目も開いていないヒナが、ムクッと立ち上がると、巣の内壁を使って他の卵を背中のくぼみに乗せ、一つずつ巣の外に捨て出したのです。この作業はオオヨシキリの親が戻ってからも収まらず、３時間ほどかけてすべての卵を外に捨ててしまいました。オオヨシキリの親は捨てられる卵を拾い上げることもできず、ひたすらカッコウのヒナにエサをあたえ続けます。このような様子を見ると、カッコウは可愛らしいどころか憎らしくなってしまいます。

四つ目の説は「カッコウを漢字で表すと『閑古鳥』となって縁起が悪い」というものです。辞典で「閑古鳥が鳴く」の項を引くと「さびしいさま。特に、商売などがはやらないさまを言う。『かっこうどり』がなまったもの」(岩波国語辞典)とあります。掛け時計は、家や店の新築祝いによく使われますが、「これでは縁起が悪い」ということになり、祝いの品としては売れません。案外このような理由が、時計からカッコウを降ろす原因になったのではないでしょうか。

そこで、カッコウ時計を国産化するにあたっては、フイゴで似たような鳴き声を出せるハトを選んだものと推察できます。実際に、時計メーカーでは「カッコウとハトの中間の鳴き声を意図している」と言います。

理由の正解は何なのかは不明ですが、興味は尽きません。

第4章 電子技術で誕生したクオーツ、デジタル時計

画期的だった音叉時計

1947年に米国ウィリアム・ショックレーなどベル研究所の研究員が発明したトランジスターは、さまざまな商品の電子化を促しました。欧州では、電子工学を学びスイスのニューシャテル時計研究所にいた物理学者のマックス・ヘッツェルが1950年代後半に、金属音叉との組み合わせで高精度を引き出す「音叉腕時計」（**図4-1**）を考案しました。

原理は、抵抗、コンデンサーからなる回路による電磁気で、音叉状（U字形）に加工した鋼の振動子を振動させ、1秒間に360回の正確な振動を取り出し、振動の1周期ごとに音叉の腕に取り付けられた送りツメで、ラチェット車の外周に刻まれた300の歯を一つずつ送ります。ラチェット車の回転運動は数組の歯車を介して減速されて秒針に伝えられます。振動子を音叉状にするのは、共鳴効果を活用し、振動の周期をより正確にするためです。

しかし、機械式時計に固執していたスイスの時計業界では理解されず、ヘッツェルは米国に渡ります。ヘッツェルの発明を高く評価したのは、米国航空宇宙局（NASA）との

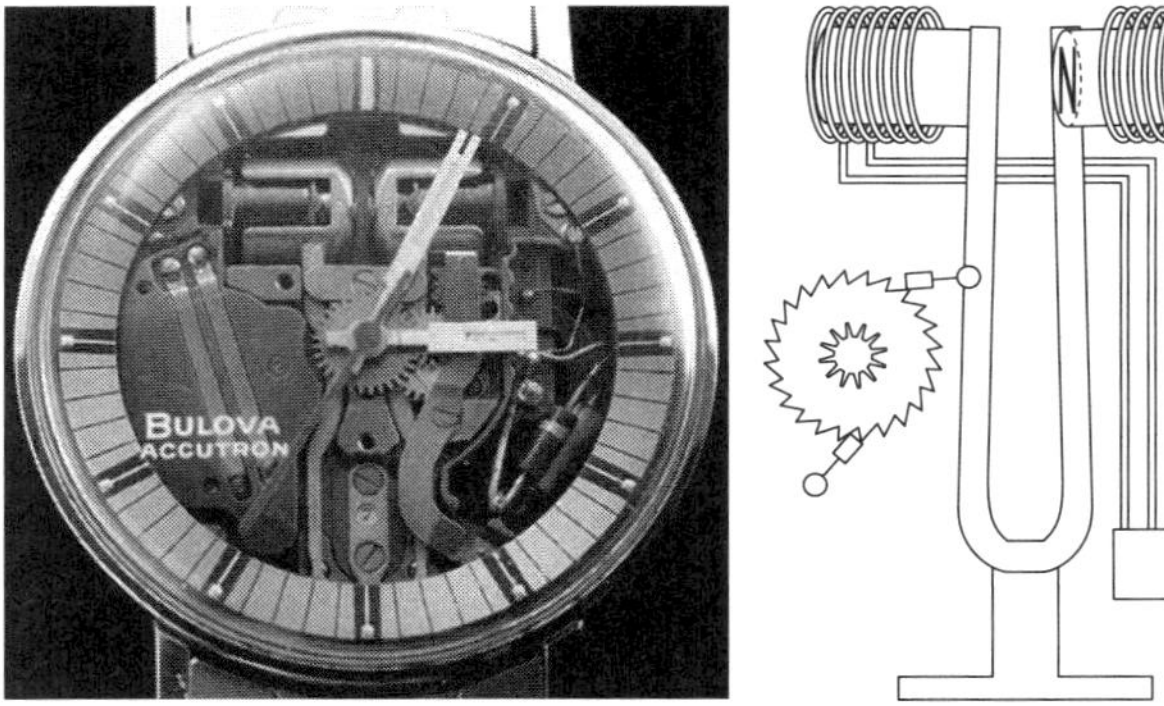

図4-1　製品化された音叉腕時計（左）と音叉時計の原理（右）

パイプがあった時計メーカーのブローバ社でした。

当時のＮＡＳＡは人工衛星の開発のために、時間によって無線装置の電源を入れるタイム・スイッチを必要としていたのですが、この要求にブローバは既存品に比べて50ポンドも軽い製品をつくって応えました。さらに、音叉腕時計「アキュトロン」を１９６０年に売り出したのです。

当時の機械式時計は中級品で１日に15〜20秒、高級品でも５〜10秒の誤差が生じていたのですが、「アキュトロン」は１ヵ月で１分以内という桁違いの高精度で、時計業界に衝撃を与えました。

機械式時計で世界の王座を競っていたスイスと日本の時計メーカーは、米国から飛び出した予想もしなかった画期的製品に驚き、あわててブローバに特許の供与を申し入れましたが、同社は、「自分たちで開発したものは、自らで売る」と、応じませんでした。各社はやむなく機械式時計の改良で時間精度の向上を目指す一方で、「次世代時計」を模索しました。

スイスはヘッツェルを呼び戻してより高精度な音叉時計の開発を目論み、セイコーは次世代の「クオーツ時計」を目指したのです。しかし、セイコーグループの1社である諏訪精工舎（現セイコーエプソン）のクオーツ開発プロジェクトのメンバーは、社内から「お前たちは会社をつぶす気か」と罵倒されたそうです。

ただ、「アキュトロン」には弱点もありました。高い振動数の信号をより低い振動数に変換する分周回路までは、見事に電子技術でまとめられているのですが、音叉から振動への変換機構は機械技術そのもので、高速でツメ送りするために部品の摩耗が激しく、また歯車の遊びスペースが災いし、裏返し状態ではツメが空回りすることがあるのです。

結局、ブローバは孤軍奮闘で販売をしましたが、世界に広まらないうちに、次世代のより高性能なクオーツが誕生し、あわてて数社に技術を供与したものの、タイミングを逸して、クオーツ化の波に呑み込まれてしまいました。

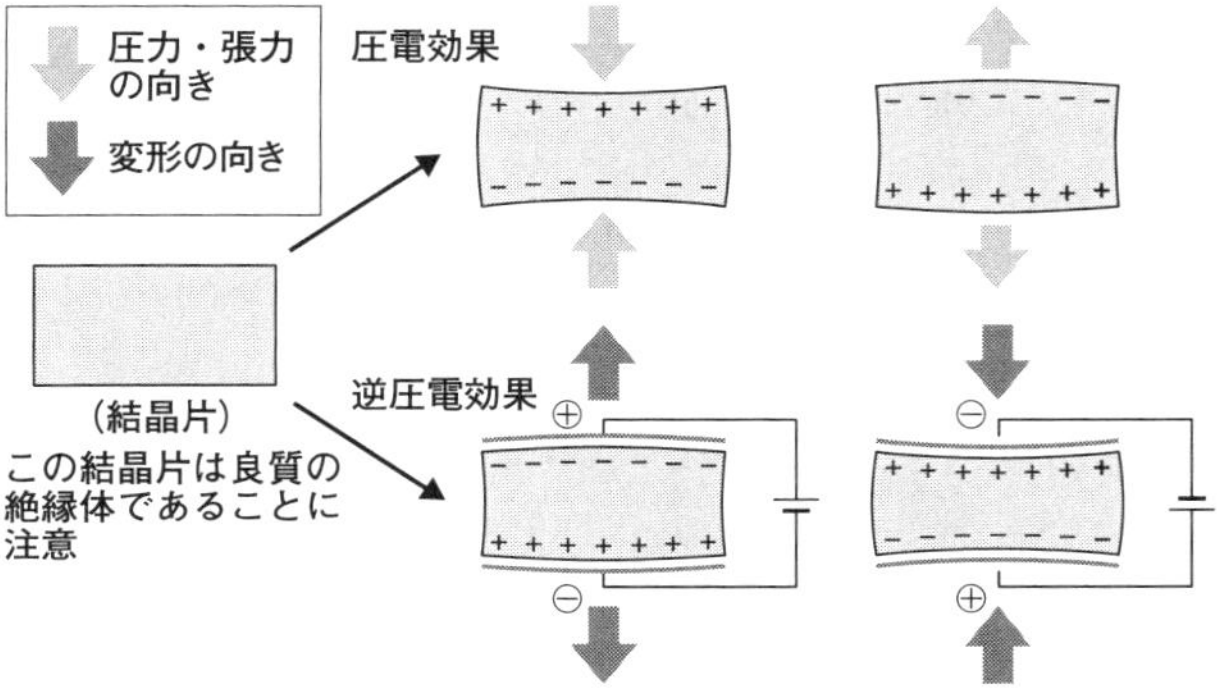

図4-2　圧電効果（『クオーツ時計』（トーレン出版）の図をもとに作成）

クオーツ時計の実用化

クオーツ時計の心臓部となる水晶（クオーツクリスタル）は、金属音叉とは桁違いに高い振動（1秒間に数千〜数百万回）を得られるのが特徴です。

1880年に、トルマリンという貴石（今日では「電気石」と呼ばれる）に圧力を掛けると、石の両面に電気が発生する「圧電効果」を発見したのは、フランス人のジャックとピエールのキュリー兄弟でした。翌年には物理学者のリップマンが、電圧を加えると「電気石」にひずみが生ずることを発見し、「逆圧電効果」（**図4-2**）と名付けました。その後、ドイツ人のギーベやシャイベらが約30種の結晶体を研究し、水晶が「逆圧電効果」に顕著に反応することと、安定性が高いことを発見しました。

１９２２年に米国のキャディが、水晶を特定のサイズに切り取ることで、決められた振動数を発振する振動子の試作に成功すると、無線通信用など発振器への応用が盛んに試みられるようになりました。

これを時計に応用しようと考えたのは、米国ベル研究所のウォーレン・マリソンです。マリソンは大変な勉強家だったようで、「35年間でノート２０００ページと１００以上の技術論文を書き、研究室で２０００件以上の開発に携わり、70件の特許を取得した」（全米時計収集者協会会報に１９８９年掲載の私信）と書いています。その中には、「周波数精度の決定」「周波数の高精密基準」「クオーツ時計」「精密時計における現代の発展」などの論文も含まれ、１９２７年には水晶時計の試作品をつくりました。

マリソンの水晶時計は、水晶振動子を発振させて得る１００キロヘルツの振動を、真空管による分周回路で1キロヘルツまで落とし、同期モーターを回して歯車を回転させ、時刻を表示する仕組みでした。精度は1日に０・０2秒程度の誤差で、当時世界の天文台で標準時計として活躍していたショートの振り子時計や、リーフラーの天文振り子時計とほとんど変わらなかったのですが、専門家が注目したのは、重力の影響が少ないことと、技術の発展余地が大きいことでした。

しかし、マリソンの水晶時計は、水晶の特性である温度変化による影響を抑えるために、振動子は恒温槽に入れておかなければなりませんでした。一定の温度を維持するためには多くの電力が必要な上、分周回路に何百本もの真空管が必要でした。このため、装置は部屋全体を占めるほど大きく、運転するのには大きな交流電源が必要なだけでなく、長時間の連続運転をすると、発熱で真空管が切れるという弱点を抱えていたのです。

日本人の大発明

水晶振動子について特記したいことは、１９３２年に東京工業大学の古賀逸策博士が、画期的な発見・発明をしていることです。

結晶には、その物理的な性質が方向によって異なるという特徴があり、結晶の成長方向をZ軸、それに垂直な方向をX軸とY軸と呼んでいます（**図４－３**）。当時の水晶振動子は、X軸と垂直な平面に切り出すXカットと、Y軸と垂直な平面に切り出すYカットしかなく、Xカットは温度を下げると振動数が増え、Yカットは温度を上げると振動数が増えるという温度特性がありました。しかし古賀は、温度係数が負のXカットと、温度係数が

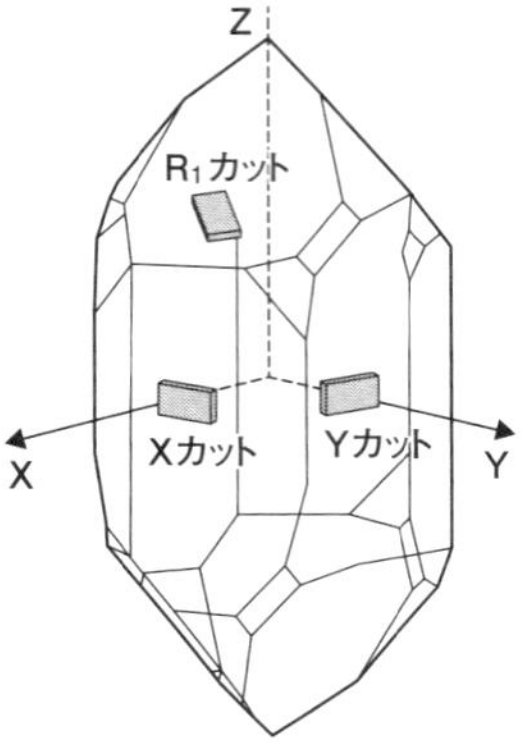

図4-3　水晶のカットの例

正のYカットの間に温度係数がゼロになる点があるに違いないと仮定し、水晶片を切り出す方向・サイズと、温度変化の関係を理論的に解明したのです。

その結果、Z軸から35度15分の角度で切り出すR_1カットが、温度の影響を最小限に止められることを突き止めました。R_1カットはその後ベル研究所によって、米国流で「ATカット」と名付けられて世界中に知られることとなり、以降の無線機器の振動子に全面的に採用されています。

そして、1947年にトランジスターが発明されると、状況は大きく変わりました。大量の真空管をトランジスターに置き換えることで、水晶時計は大型ロッカー並みに小さくなり、真

図4-4　精工舎が初めて製造した商業用水晶時計（写真提供：セイコーミュージアム）

空管の球切れがなくなったことで常時運転が可能になり、研究所や天文台などで、「時間標準器」として使われるようになったのです。

日本でも、1950年代末から、精工舎が放送局の時報用装置として、製造・販売を始めていますが、ここでまた、日本人が重要な発見をします。

精工舎が初めて製造した商業用水晶時計は、中部日本放送（CBC）に、1959年に納入しました（**図4-4**）。振動子は高精度を出せる4・8メガヘルツのATカットですが、分周回路には特性を十分に把握している真空管を採用したため、摂氏60度を保つ恒温槽に入れました。サイズは高さ2メートル×幅1メートル×奥行き0・5メートルと、和だんすほどの大きさになり、精度は日差0・08秒以内という高精度でした。

ところが、納品から数ヵ月後に、CBCから「時間が経つと、精度が良くなる」との報告が入ったのです。CBCの担当者が記録していた綿密なデータなどを調べてみると、納入時よりも週を追って、精度が高まっています。データを工場に持ち帰って詳しく分析してみると、水晶に通電を続けていると、振動数が安定する「経時変化」の特性があることが判明したのです。

これらの経験を踏まえ、精工舎は水晶振動子製造過程で、振動子にあらかじめ電気を通電し、振動を安定させる「エージング」という作業を加えるようになりました。1960年には、高さ20センチメートル×幅25センチメートル×奥行き50センチメートル、重さは16キログラムというコンパクトさでありながら、日差0・8秒という高精度の水晶時計を完成し、放送局以外に研究所、鉄道会社、船舶などでも標準時計として使われるようになります。

世界初の家庭用水晶時計も精工舎でつくられ、1968年に発売されました。単1乾電池2本で作動し、価格は3万8000円。肝心の水晶振動子は、外径20ミリメートル、厚み０・２４５ミリメートルの水晶板から渦巻き状にくり抜いて加工したのですが、振動数は１５６ヘルツが精一杯だったため、保証精度は日差１秒以内でした。ちなみに、変換機構には同期モーターを使用しています。

体積を1万分の1に

持ち歩きのできない据え置き型の大型装置ながら、水晶時計が日本で実用化したのが１９５９年でしたが、ここから腕時計にするのには、さらに10年近い長い歳月を要しました。この理由はどこにあったのでしょうか。一言でいえば、携帯できるようにするためには、体積を１万分の１に小型・軽量化すること、ボタン型電池１つの電力で駆動することなど、技術の壁をいくつも破らなければならなかったからです。

もともとスペースが限られているウオッチに、余分なスペースはほとんどありません。加えて、腕に装着していることによる環境特性が加わります。ユーザーと行動を共にするため、温度・気圧の変化が大きく、衝撃、チリ、ホコリ、水、汗などを受ける可能性があります。

クオーツウオッチの仕組みは、水晶振動子に電気的刺激を与えて発振させ、取り出した

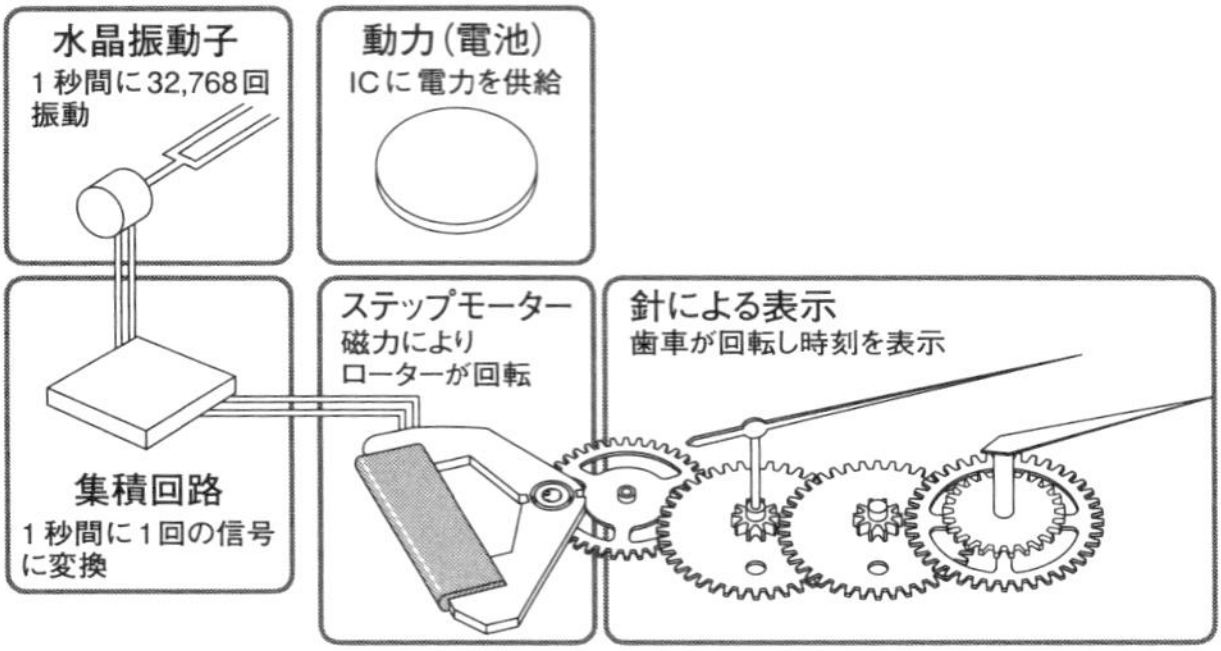

図4-5　クオーツウオッチの仕組み（セイコーミュージアム提供の図をもとに作成）

振動を分周して使いやすくした電気信号に変え、その信号を回転運動に変換して（アナログ時計）、歯車を回転させます（**図4－5**）。

アナログクオーツウオッチを実現するために解決しなければならない重要な技術的ポイントは、少なくとも3点ありました。第1は駆動に必要な消費電力を劇的に減らし、1・5ボルトのボタン型電池1個で長期間動かし続けること、第2は正確な時間をつくり出す「発振機構」をいかに小型化し、かつ環境の影響を減らせるか、第3は分周回路から生み出される電気信号をアナログ針の動きに変える小さな「変換機構」の開発です。

苦肉の策だった「ステップ運針」

まず電源ですが、100ボルトの交流電源を

１・５ボルトの電池に置き換えるには、消費電力を１０００万分の１にする必要があります。諏訪精工舎は、最初の乾電池式クオーツ時計「セイコー　クリスタルクロノメーターQC－９５１」を、１９６４年の東京オリンピック用の計時機器として開発しました。「９５１」は単1乾電池2本で動き、ゲルマニウムトランジスター11本、シリコンダイオード３本、小型の同期モーターを採用したことで一挙にコンパクトになり、大きさは20センチメートル×16センチメートル×7センチメートルと百科事典並み、重さも３キログラムになりました。

水晶発振器には、温度変化による水晶振動子の振動のズレを補正するために、温度特性の異なる金属を張り合わせたバイメタルを仕込んだことで、恒温槽が必要なくなり、省エネが一挙に進みました。それまでは恒温槽の加熱のためだけで常時10～30ワット、モーターなどを含めて全体で１００～１５０ワットの電力を消費していたのですが、効率の良い小型モーター（約65ヘルツ）の開発もあり、消費電力を０・００３ワットまで減らせました。しかし、腕時計にするには、さらに、１０００分の１に落とさなければなりません。

電子回路に、ＩＣ（集積回路）が使用できれば、部品点数も消費電力も少なくなるのですが、当時はまだ１・５ボルトの電池で駆動するＩＣがありませんでした。１９５９年に半導体基板の上にバイポーラ（両極性型）・トランジスターと抵抗を組み合わせたバイポーラICが発明されたのですが、バイポーラICは演算速度が速いものの、サイズも消費電力も大き過ぎました。

ウオッチには小型電池で駆動するMOS－IC（金属酸化膜半導体集積回路）、なかでもCMOS－IC（相補型金属酸化膜半導体集積回路）が適しており、諏訪精工舎の開発担当者は、ICメーカーを回って、開発を要請しました。しかし、ICメーカーはコンピューター用のバイポーラICの開発・製造に手一杯で、真剣に取り組んでくれませんでした。そこで、諏訪精工舎は自社開発したのです。

諏訪精工舎が自社開発したCMOS－ICは、1970年に実用化されていますが、1960年代中の発売が厳命されていた最初のクオーツウオッチには間に合わず、厚さ0・25ミリメートルのセラミック基板に、76個のトランジスターと29個のコンデンサー、83の印刷抵抗、1つの抵抗（合計189の素子）をハンダ付けするハイブリッドICで代用されました。ちなみに、この超精密な実装作業は熟練した技術がなければ、不可能でした。

全力で取り組んだクオーツウオッチですが、出来上がった試作品の電池寿命は、ボタン型銀電池1個で、たった3ヵ月しか持ちませんでした。販売部門から、「それでは消費者が受け入れない」と突き返され、苦肉の策で考え出したのが、秒針の動きを、連続運針から1秒に1回だけ動く「ステップ運針」に変更する工夫でした。

これで「電池寿命」が1年に伸びただけでなく、ステップ運針は「正確なクオーツ」の象徴と受け止められるようになったのです。

音叉型で振動子を短く

第2の問題は「発振機構」をいかに小型化して狭いスペースに収めるか、環境の影響を減らせるかです。一般的に水晶振動子は、高い振動数の方が高い精度を得られるのですが、振動数を高めることや、高い振動数を分周するためには、電力を多く使います。

もともと鉱物の水晶は、塊状態であれば強固ですが、振動子にするために、薄く、長く加工すると、衝撃に脆くなります。そこで、外的要因から護るために、真空カプセルの中に宙吊りにすることにしました。

しかし棒状では、長くなって容積が増えてしまいます。諏訪精工舎は水晶振動子の形状を音叉型にすることで、振動子のカプセルを厚み、長さとも5分の1に縮め、外径4・2

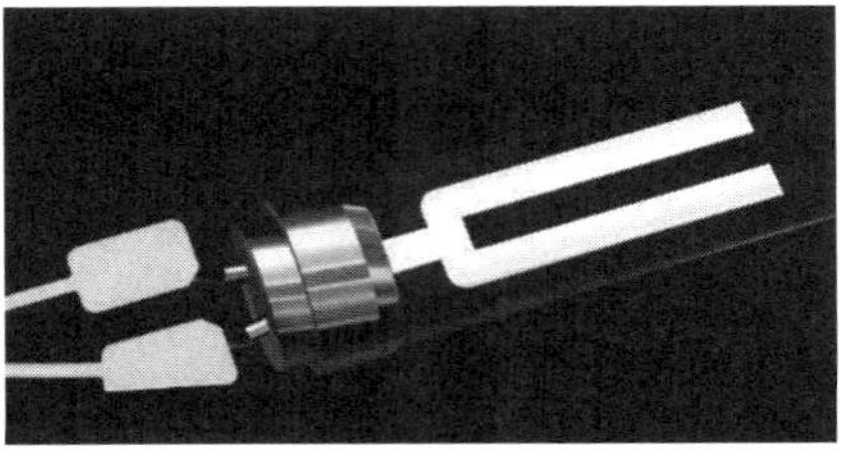

図4-6　音叉型の水晶振動子（写真提供：セイコーエプソン）

ミリメートル×長さ19ミリメートルのサイズに収めました（**図4－6**）。

振動数は、最初のクオーツウオッチでは、８１９２ヘルツを採用しました。振動数を2分の1ずつ13段階で分周（サイクル数を正確に半分にする）すると、１ヘルツ（1秒で1サイクル）になります。ちなみに、分周回路には、1段階で5～6個の素子（トランジスター）が必要になりますので、13段階の分周に必要な素子は70～80個です。その後のクオーツでは、振動子のサイズ、効率、扱いやすさなどから、一般的には3万２７６８ヘルツが標準になりました。

一方、スイスでは、水晶振動子に棒状や音叉型ではなく、レンズ状の「厚みすべり型」を採用し、振動数を３万ヘルツから数百万ヘルツ（メガヘルツ）に上げて、高精度クオーツで先行する日本勢を追撃しようとしました。オメガ社は２・４メガヘルツ、英国のスミスズ社は１・５メガヘルツの振動子を起用したのですが、数百万ヘルツを分周する技術が複雑になってコントロールが難しいこと、消費電力が大き過ぎて電池寿命が非常に短くなるなど実用性が問題になり、製品の販売はすぐに打ち切られました。

最後の決め手は変換機構

最後まで技術者たちを悩ませたのは、「変換機構」でした。それまでに実用化していたウオッチの「変換機構」としては、①ガンギ車とテンプ（機械時計）、②ツメ送り（音叉時計）、③磁気脱進機、④モーターがありますが、クオーツの高精度を生かし、長期間にわたって変わらない性能を発揮するには、部品同士が直接接触しないモーターしかありません。

そこに、永久磁石と電磁石を組み合わせ、１秒に１回の信号を回転運動に変えて１秒ごとに運針するステップ（間歇《かんけつ》型）モーターのアイディアがひらめいたのです。モーターに電流が流れる時間は１０００分の25秒で、残りの１０００分の９７５秒は永久磁石が働いて秒針は止まったままになるので、衝撃にも強く、消費電力も大きく削減できます。ローターには白金コバルトを使用し、直径2・8ミリメートル、厚み0・5ミリメートルで、コイルは0・02ミリメートルの極細線を約2万回巻き、消費電力7・5ミリワットながら、耐振性100G以上の性能を持つ超小型モーターが出来上がりました。

しかし、ここでも難題が生じました。モーターは電源を頻繁に入れたり、切ったりを繰り返すと、まれに回転の向きが逆転する現象が起こることです。これは時計にとって致命的なことです。駆動部分は1日に0・1秒しか狂わないほどの時間精度で保たれていても、モーターが逆転すると1回で10日分の誤差が生ずることになります。したがって、間違っても「逆転しないモーター」の開発が課題になりました。

そこで考え出されたのは、モーターの核として回転するローターと、ローターを包んでいるステーターの内壁との距離に差をつけ、つまり、回転する前方の間隔は狭く、後方は広くすることで、磁石の効き具合に場所による違いを生じさせたのです。それによって、ローターの逆回転を完璧に防ぎ、前進方向にしか回らないようになりました。

次の問題はモーターの格納スペースでした。そうでなくとも、ムーブメント（機械体）の厚みは既に5・3ミリメートルに達し、防水仕様を施したケースの厚みは11ミリメートルにもなっていましたが（今日の普通の防水仕様のウオッチケースの厚みは7〜8ミリメートル、ムーブメントの厚みは3ミリメートル前後）、他の部品の縮小化・薄型化は限界に達しています。そこにモーターで3ミリメートルもの厚みが加われば、腕時計としての商品化をあきらめなければなりません。しかし、プロジェクトメンバーが激論を戦わせている内に、モーターの部品をバラバラにして配置する着想が浮びました。

空間として探し出されたのが、「組み上げた歯車が互いに擦れ合わないように確保されているほんの僅かな隙間」です。歯車自体の大きさは、わずか厚み０・１ミリメートル、直径３・５ミリメートルしかありません。その歯車同士がぎりぎり接触しないだけの空間を使って、ステーター、ローター、コイルを歯車に張り付けるのですから、探索作業は困難を極めました。コンピューターを駆使し、ミクロン（１０００分の1ミリメートル）単位で使える空間を探すとともに、歯車自体の厚みを少しでも減らすために製造上の誤差をぎりぎりまで詰め、「バラバラ・モーター」の格納スペースを確保したのです。

こうして、「オープンタイプ・ステップモーター」が完成し、セイコーの重要な特許になりました。ちなみに、後に各社でさまざまな方式の変換機構を採用したクオーツウオッチが開発されたものの、ステップモーター以外は長期間にわたって安定した性能を持続できないことから、「オープンタイプ・ステップモーター」は世界の時計業界でも有名な用語になりました。

普及を促進した特許戦略

こうして1969年のクリスマスに、保証精度月差5秒以内のクオーツウオッチ「セイコー クオーツアストロン 35SQ」が発表され、同日東京とニューヨークで発売されました。18金製で価格は45万円もしました。庶民の夢だった「国民車」カローラが44万円だった時代です。ムーブメントサイズは、外径30ミリメートル、厚み5・3ミリメートル（電池部6・1ミリメートル）で、ケース、防水パッキン、ガラスを含めた完成体の厚みは、約1センチメートルでした。

日刊新聞は「クオーツショック走る」との見出しを大々的に掲げ、「数年後、腕時計の常識が一変するかもしれない」と結びました。「時計の革命」は世界的ニュースとなり、ニューヨーク・タイムズにまで掲載されました。

そして、驚くべきことに、このまったく新しい技術による商品は、約10年で世界中に普及したのです。その背景には、消費者を含めた啓蒙活動、時計小売店への積極的な技術指導がありました。セイコーは広報宣伝を動員して、革新的製品のPRに努めるとともに、地球的規模で時計販売店の教育を行いました。技術者と販売員のチームを組み、各地の小売商組合などの協力を得て、世界の主要都市で時計店向けの技術講習会を開催し、主要地域では基礎技術と修理技術を学べる技能講座を開設しました。それは、機械式技術に明け暮れていた時計店にとって、電子時計技術を習得するまたとない機会になりました。

また、特許面では、開放的な特許戦略を取りました。音叉時計を開発したブローバ社は、開発利益のすべてを独占しようとした結果、次世代時計の開発を促し、音叉時計の時代を築けずに終わってしまいました。この教訓を他山の石として学んだセイコーは、クオーツ時代の到来を早く実現させるために、味方を増やし、陣営を広げる戦略を取ったのです。最大の特許であるステップモーターに関する特許を有償で、世界中の時計メーカーに公開しました。

他産業の支援を当てにできない精密さ

ところで、クオーツの開発経緯を調べてみると、時計産業の桁違いの精密さがネックになって、他産業からのサポートが得られないケースが目立ちます。

例えば、水晶振動子はすでに通信機器では使われていましたが、時計が要求したサイズは桁違いに小さく、少ない消費電力で駆動するものでした。ＩＣにも汎用性のない消費電力の少なさが求められたため、ＩＣメーカーに開発・供給を頼ることができず、自社開発を強いられました。ボタン電池も、他では使われていない薄さが前提で、品質面では、電圧の変化を許さない厳しいものでした。

しかし、他産業に頼らない独自の技術が、クオーツの進化速度を速めました。象徴的なのが機械体の厚みで、他社から購入する汎用部品を組み立てていては、コンパクトな機械体はできません。自社でまとめて努力することで、厚みで1ミリメートルを切る（電池部を除く）薄さのムーブメントができるようになりました。

その後も、水晶振動子の製造方法の革新、部品のユニット化など、クオーツ時計はさまざまな改良が加えられたことで、機械式時計の１００倍の精度を実現しながら、機械式時計を下回る価格と購入後の使いやすさで人気を集め、発売から10年も経たないうちにクオーツ時代を実現できたのです。

格段の省エネを実現したシステム

その後もクオーツウオッチの省エネは、あらゆる部位部品で行われましたが、革新的だったのは、ステップモーターを最小のエネルギーで駆動させる制御回路「補正駆動パルス」です。

当初のステップモーターは、１秒間に1回、常時最大パワーで回転していました。しかし現実には、歯車の噛み合わせの状態、周辺にチリ・ケバのあるなし、カレンダーの作動段階などによって必要なパワーは変わるため、ほとんどの機会では、余分なパワーを消費していたことになります。

そこで、補正駆動パルスではモーターのパワーを8～32段階（標準的な時計では16段階）に設定し、必要最小限のパワーで駆動させ、針が回らなければ段階的にパワーアップしていく回路を開発したのです。これにより、消費電力は半分にまで削減できました。

具体的には、18マイクロアンペアだった消費電流（消費電力は27マイクロワット）を、０・６マイクロアンペア（同０・９マイクロワット）と30分の1にまで削減できました。０・６マイクロアンペアといっても実感がありませんが、これは通常の電流計では検知できない程度の微弱電流です。

ちなみに、この消費電力を分かりやすい数値に換算してみると、「目玉焼き1個をつくるのに必要なエネルギーで２００個のクオーツウオッチを丸３年間動かせる」「日本の全国民（1億2500万人）がクオーツウオッチを使用したとしても、100ワットの電球約1個分にしかならない」というレベルです。

読者の方の中には、32段階もトライしていては、タイミングを逸して時間の遅れにつながるのでは、と心配する方もいるかもしれませんが、運針のタイミングは200分の1秒なので、32回のすべてを試しても、十分に間に合うのです。ちなみに、この方式は、国産メーカー2社の特許のクロスライセンスで実現したものなので、電池寿命の点では、他国製クオーツに優位に立っています。

さらに、国産機種の中には、電池寿命切れが近づいていることを知らせる「電池寿命切れ予告機能」を備えているものもあります。これは、電池の電圧の変化をモニターし、電圧が低下してきたときに、秒針付きアナログクオーツでは、秒針を2秒ごとの運針に切り変え、デジタルでは表示の数字を全面フラッシュさせて、電池寿命が残り1週間前後になっていることを知らせます。したがって、いきなり、時計が止まる心配はありません。しかも、この機能の素晴らしいところは、時間精度に影響を与えずに、警告を知らせられることです。ただし、秒針のない、2針のアナログクオーツ用には、このような機能はまだ開発されていません。

高精度クオーツの開発

機械式時計からクオーツ時代への転換がほぼ完了した時計業界で、時計開発技術陣の開発目標は、「さらに高精度のクオーツウオッチを生み出すこと」でした。一般的なクオーツ時計の精度は月差が10ないし15秒以内ですが、もう1桁高精度なクオーツが誕生すれば、クオーツ精度を体感したユーザーは、ワンランク上の精度を求めて、需要がシフトすると考えたのです。

日本で最初につくられた年差レベルの「高精度クオーツ」は、１９７６年に発売された「シチズン　クリストロンメガ」です。４・２メガヘルツの「厚みすべり型」を採用し、年差３秒以内を実現しました。シチズンは音叉型ではなく、ＡＴカットの「厚みすべり型」を採用することで安定した振動数を得られることと、振動子のサイズを長さ６ミリメートル、厚みを０・４ミリメートル未満に抑えることで、消費電力が少なくなることを発見したのです。また、高周波を分周するのに要する消費電力を節約するために、分周回路にＣＭＯＳ－ＬＳＩを使用しました。

セイコーが目をつけたのは、温度変化による振動子の誤差を、さらに減らすことです。

一般的なクオーツウオッチに使われている水晶振動子は3万2768ヘルツが多く、その理由は、汎用品として広く流通していること、振動を分周する回路が大掛かりにならないで済むために、コストパフォーマンスが良いためです。

一方、3万2768ヘルツ音叉型振動子のマイナス面は、温度変化の影響を受けやすいことで、温度依存性は20度近辺を頂点とした上に凸の二次曲線になります。つまり、20度近辺を境に、時計の温度が高くなっても、低くなっても精度は低下し、時計は遅れることになります。

もちろん、ウオッチは腕に付けている時間が長く、装着している間は体温が伝わり、周囲の気温が高温になっても、低温になっても、ある程度時計の温度を一定に保てる特性があるのですが、ほとんどのユーザーはくつろぐ時や睡眠の時には時計を外します。また、日本は季節による気温の変化が大きいことでも有名です。

そこで思いついたのは、温度特性の異なる2本の振動子を組み合わせることでした。1978年11月発売の第二精工舎（現セイコーインスツル）製の92系ツインクオーツは、低温用と高温用に設定された温度特性の異なる2本の振動子を組み込み、実際の気温に近い方の水晶振動子の振動数を生かすことによって高精度を維持する工夫がなされ、年差10秒以内を実現しました。

また、８月に発売された諏訪精工舎製の99系ツインクオーツは、一方の振動子を温度センサーとして使用し、時計の温度を測ることによって理論値における振動数との差を演算し、差を補正することで年差５秒以内に収めました。

しかし、業界の予想に反して、高精度クオーツはあまり芳しい売れ行きになりませんでした。多くのユーザーにとっての時間精度は、一般品のレベルで十分で、高精度クオーツを求めるユーザーはあまりいなかったのです。これには、業界人が衝撃を受けました。これまでの時計の歴史では、高精度な商品を開発すれば、より多く売れるという図式があったからです。同時に、ユーザーの関心が精度以外に大きく広がっていることが分かりました。

時刻が赤く浮かび上がるＬＥＤ

クオーツの高精度は、「数百年に一度の革命」と言われ、時計業界は新たな時代への対応に追われたのですが、追いかけるように、「表示を巡るもう一つの革命」が、１９７０年代にやって来ました。デジタルウオッチです。

最初に登場したのが、米国の宇宙開発の副産物として開発された、発光ダイオード（LED＝Light Emitting Diode）を使用した電子デジタルウオッチでした。ボタンを押すと、ブラックフェイスの表示部分に赤い数字の時刻が浮かび上がり、数字は刻々と変化します。時計と言えば「丸い円形の文字盤で針が静かに時刻を指すもの」と思い込んでいた人々に、数字が刻々と変化して時刻を表示するのは、新鮮であるばかりかアクティブで、007映画の世界のように、「かっこいい」ことでした。

LEDは「発光ダイオード」の名の通り、半導体素材のダイオード（電極が2つある構造のデバイス）の中で、可視光線を発する素子を利用した表示体です。

世界初のLEDデジタルウオッチは、時計会社のハミルトンから1970年5月6日に発表され、1971年に「パルサー」ブランドで限定発売されましたが、開発・製造したのは、米国のエレクトロ・データ社と電機メーカーのRCA社でした。制御には40個以上のICが使われ、電源には1・5ボルトの電池3個が必要でしたが、電池寿命は6ヵ月でした。時計の重さは100グラム以上あり、価格（18金製）は1500ドル（当時の為替レートで54万円）でした。

すぐに、フェアチャイルド社、ヒューズ・エアクラフト社、テキサスインスツルメンツ社などが続々と参入し、ピーク時には、米国だけで200社ほどのメーカーが新製品を繰り出しましたが、そのほとんどが時計とは関係のないメーカーでした。デジタルウオッチのモジュール（機械体）には可動部分がないため、精密機械加工技術が不要であり、汎用部品を組み立てれば、形の上ではウオッチができあがったからです。

不可思議な物質だった「液晶」

LEDを追いかける形で登場したのが、液晶ディスプレイ（LCD = Liquid Crystal Display）式デジタルウオッチです。

液晶は、1888年にオーストリアの植物学者F・ライニッツァが発見した、液体と固体の間に存在する中間物質です。ライニッツァは、コレステロールの機能を研究している内に2つの融点をもつ珍しい液体を発見し、分析をドイツの物理学者O・レーマン（後に「液晶」の名付け親となる）に依頼しましたが、その物質の不可思議さを、依頼状の中で興奮気味に記しています。

「この物質には2つの融点があります。摂氏145・5度で融解し白濁していますが、それでも完全に融解した液体になり、摂氏178・5度で突然完全に澄明になります。この物質を冷却すると、紫と青の色彩現象が現れますが、すぐに色彩現象は消えます。さらに冷却すると、また紫と青の色彩現象が現れ、その直後にこの物質は凝固して結晶性の塊になります」

２つの融点のうち、初めに融解する点を融点、完全に澄明になる点を澄明点（クリアリング・ポイント）と言います。融点から澄明点までの間にさまざまな色彩現象を示すのは、分子の配列に規則性があるからですが、澄明点以後は分子の配列が不規則になるので澄明になります。融点から澄明点までの間にこの物質が示す相は、液体のように流動的でありながら、分子配列には結晶のように規則性があります。この固体でも、液体でも、もちろん気体でもない物質の第４の相が液晶相なのです。

この不思議な物質の研究は、その後ドイツで盛り上がったものの、他の国ではほとんど関心を持たれませんでした。世界の技術者が関心を示し始めたのは、１９６０年代末に活発化した米国での研究発表や試作発表があってからです。

ちなみに、第二次世界大戦後の米国は、先端科学技術に思い切った投資を行い、「巨大科学の時代」をリードしようとしていました。民間企業の研究所も政府からの潤沢な補助金を受けて未来技術の研究開発に余念がなかったのですが、それらの成果が液晶ディスプレイや半導体に関する研究でした。

衝撃的なLCDのデビュー

ＲＣＡ社デビットサーフ研究所のウィリアムズは、液晶に直流電圧を加えて液晶分子を制御することによって、光の透過率を制御する液晶ディスプレイを発明し、１９６２年に特許の出願をしました。

また、同社のハイルマイヤーは、１９６４年に、ネマチック液晶に多色性色素を混ぜて直流電圧を加えると、液晶が赤色から無色に変化する現象を発見して「ゲスト・ホストモード」と名付けたほか、ネマチック液晶に直流電圧を加えると、液晶が白濁するＤＳＭ(Dynamic Scattering Mode ＝動的散乱モード）現象も発見しました。

１９６８年6月、ＲＣＡはこれらの研究を液晶クロックの試作品とともに発表しました。ニューヨーク・タイムズなどに掲載され、日本の新聞にも転載されたので、自由な図形が表示できるディスプレイは、多くの研究者の知るところとなりました。

諏訪精工舎では、試作品が時計であることに加えて、液晶の分子構造がシンプルで将来性がありそうだと判断し、すぐに研究が始まりました。第二精工舎は１９６８年12月から東北大学と共同研究をスタートさせました。

さらに、1969年にNHKが「世界の企業RCA編」で放映した液晶ディスプレイの試作品の映像は、日本の技術者たちの目を釘付けにしました。注目点は「光らないディスプレイ」にありました。「光らない」ことは人間の目にも優しく、疲れないからです。

RCAの試作品は世界中の研究開発者たちに刺激を与え、多くの企業がスイスの薬品メーカーのロッシュ社などで販売されていた高価な液晶を使って、研究開発に取り掛かったのです。

LEDとLCDの戦い

LEDもLCDデジタルウオッチも、基本原理は途中までは、アナログ式クオーツウオッチと同じ仕組みです。電池をエネルギー源とし、時間信号源である水晶振動子から取り出した振動（周波）の電気信号をIC（集積回路）で分周するのですが、表示の素子はスイッチなので、モーターで回転運動に変換する必要はありません。しかし、数字や図形を構成するセグメント（要素）を点滅（数字一つで7ヵ所）させる素子とそれらをコントロールする計算機能が必要になるため、ICレベルではなく、演算能力の大きなLSI（大規模集積回路）が求められます。

時計市場では、当初、液晶はコントラストが鮮明でなかったため、明瞭に輝くＬＥＤデジタルウオッチが断然優位でした。特に、アナログクオーツの普及が遅かった１９７０年代前半の米国では、デジタルウオッチの高精度さにも注目が集まりました。「クオーツだから正確」ではなく、「デジタルだから正確」と誤解されたのです。当時のデジタルウオッチの価格は60〜１００ドルが全体の70パーセントを占め、次いで売れていたのが１００〜１４０ドルだったように、価格面からも格好のプレゼント商品になったのです。１９７５年のクリスマス直前にはハミルトンから計算機を組み込んだ「パルサー・タイムコンピューター」が発売されました。四則計算しかできないものの、コンピューターを腕時計に組み込んだとの触れ込みで話題となり、18金製の最初の１００個は３９５０ドルという高値がつけられていたにもかかわらず即日完売したほどです。

一方、当初のＬＣＤは、ＬＥＤに押されたのですが、液晶の技術開発が急速に進んで、年どころか月ごとに見やすさ（鮮明さ）が改善しました。

ＲＣＡの開発したＬＣＤの方式はＤＳＭ（動的散乱型）方式と呼ばれていました。液晶に電圧をかけると、電子が鉄砲弾のように飛び出して液晶の分子にぶつかり、分子の組成が崩れて光を乱反射し、白濁した部分（セグメント）ができます。そのセグメントを組み合わせて数字を表示する方式です。したがって、ＤＳＭ方式では白濁させるセグメントに電流を流し続ける必要があり、電力消費が大きいという弱点がありました。

ところが、オハイオ州のケント州立大学が液晶研究所を設立し、副所長に迎えられたファーガソン教授が、１９６９年にＤＳＭとは異なるツイスト・ネマチック（ＴＮ＝Twisted Nematic）液晶を開発し、消費電力が少なく、鮮明なＬＣＤが登場したのです。

ＴＮ液晶は、液晶を上下で90度ねじった状態で配置します（**図4－7**）。通電していない（電界ゼロ）時には、液晶によって光の偏光方向が変化して、底面の偏光板を素通りするため、反射板で跳ね返ってきますが、電圧をかけるとねじれ部分の液晶分子が立ちあがって光がそのまま通っていくため、偏光板を通過することができずに暗く（黒く）なります。このコントラスト差で数字や図形を表示するのですが、暗くする部分だけに僅かな電圧をかければ済むため、消費電力は極めて少なく済みます。特に、ＴＮ液晶を採用したＦＥＭ（Field Effect Mode ＝電界効果型）方式で、コントラストは一気に改善されました。

ところで、液晶表示板（パネル）は、２枚の透明電極をつけたガラス板の間に液晶を封入し、その外側を偏光板で挟みます。開発段階では、コントラスト比が大きく、視野角の

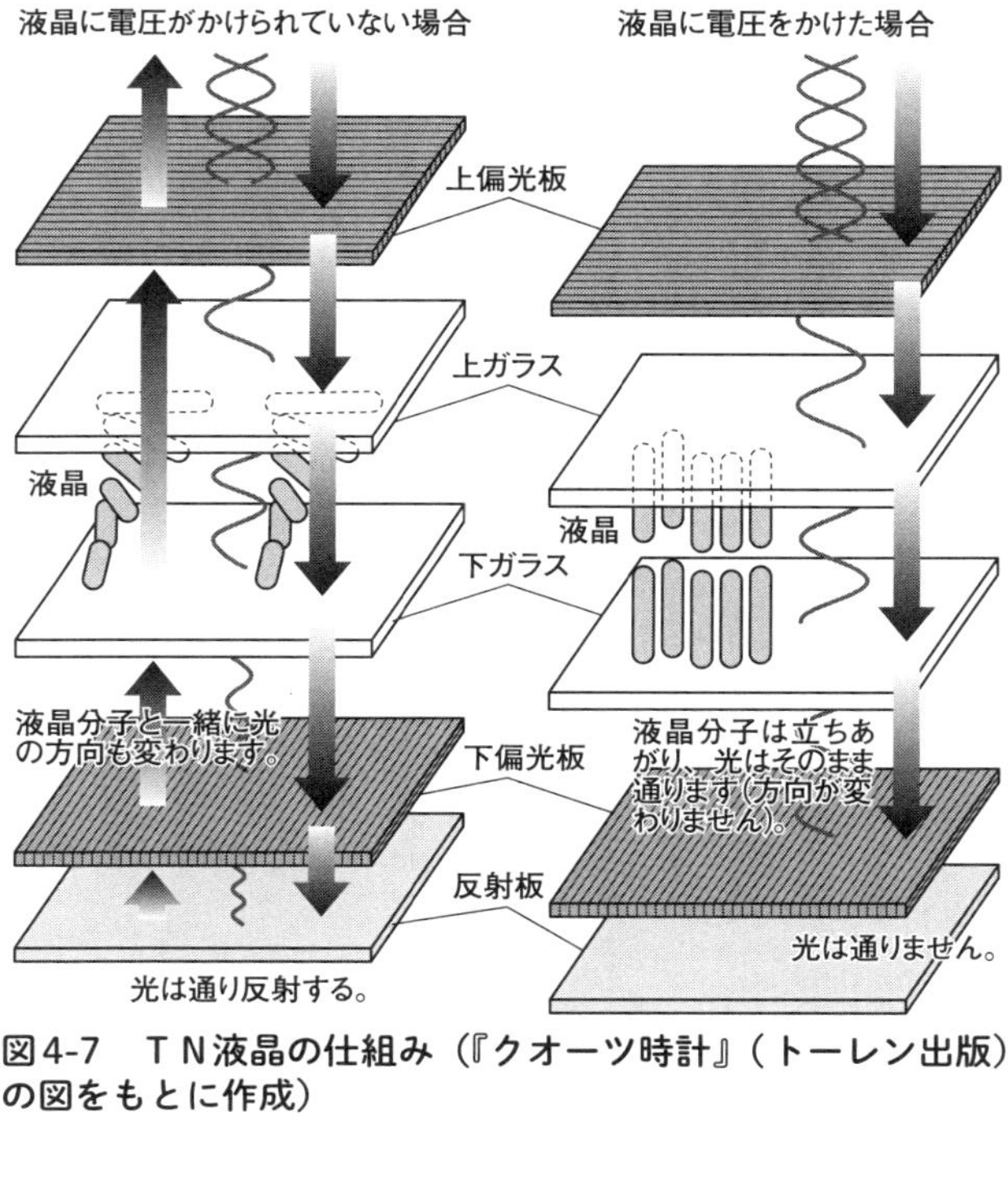

図4-7　ＴＮ液晶の仕組み（『クオーツ時計』（トーレン出版）の図をもとに作成）

図4-8　セイコーのFEM液晶デジタル（写真提供：セイコーミュージアム）

広い液晶をつくることに腐心しましたが、製造段階では、わずか1ミリメートルの隙間に均一に液晶を封入する表示体をいかに量産するか、衝撃で液晶が漏れ出すことはないか、表示体としての寿命をどれだけ保証できるか、など課題が山積し、発売が急がれる時間的制約の中で、課題の解決が求められました。

１９７２年に米国マイクロマ社とサンドズ社がＤＳＭ液晶のデジタルウオッチを、１９７３年にはセイコーがＦＥＭ液晶デジタル（**図4-8**）を発売（チタンケースで13万５０００円）し、デジタルウオッチは一挙に商品化の時代に突入したのです。

欠点が明らかになったLED

先行していたＬＥＤには、欠点が浮き彫りになってきました。ＬＥＤは、赤や緑などの明るい光を発光して見やすいのですが、ボタンを押さないと時刻がまったく表示されないこと、液晶に比べると消費電力が桁違いに大きい（ＬＣＤの１０００倍）ために、電池が数ヵ月しか持たないことなどです。また、発光と同時に熱も出すことから、頻繁に点灯すると過熱し、故障を誘発する可能性が高まります。当初のＬＥＤは珍しがられ、周囲の人にデモンストレーションをする機会が多いために、これらの欠点が強調されたのも不運でした。

一方、液晶デジタルは、メーカーの開発競争が急速に進み、価格が急激に下がって一気に普及期を迎えます。デビュー時に10万円を超えていた価格が数年で１万円を切るようになり、流行に敏感な消費者の必需品に挙げられるようになりました。国内では１９７９年に、クオーツウオッチの生産量の中で、デジタルウオッチがアナログ式を上回りました。

当時の社会のデジタル化の動きとも連動していました。情報化が進み、大量の情報を迅速に処理するには、アナログよりもデジタルが優れており、時の流れよりも、チラッと見るだけで瞬時に時刻を読み取れるデジタルの良さに、新鮮な評価が起きたのです。さらに海外では、機械体の軸受けに、ルビーなどの貴石の代わりにピンを使用する低価格のピンレバーウオッチ（使い捨て時計）市場が大きかったのですが、デジタルウオッチが価格の安さを武器にこの市場を獲得できたこともあって、売上は急速に拡大しました。

しかし、一気に拡大したデジタルウオッチ市場は1980年を境に一旦下降します。普及が一気に進み流行商品となって飽きられたことと、価格が急速に下がって3000〜5000円のデジタルウオッチが中心になり、外観が安っぽくなって大人から見放されたためです。商品の方向性を変えていなければ、デジタルウオッチの命はここで終わっていたかもしれません。それを転換させたのは多機能化です。

多機能デジタルの開発競争

デジタルの多機能化は、クロノグラフ（ストップウオッチ）から始まりました。時刻を表示しているデジタルウオッチのボタンを1回押すと、画面が切り替わって0の並んだクロノグラフモードがスタンバイし、計測が終わって元の時刻モードに戻すと、空白の時間を加えて正確な時間を刻み始めるのは、正に驚きでした。

続いてアラームが開発されました。機械式では誤差はつきものでしたが、電子デジタル式は1秒のズレもありません。アナログ時計は機能が増えるにつれて、メカニズムが複雑になり、部品点数が増えて製造コストがかさむのですが、デジタルの場合は、LSIの設計段階で組み込めば、製造の手間をかけずに多機能化が図れるのです。

アラーム、クロノグラフにつづいて、さまざまな機能の開発競争が起こりました。万年カレンダー、世界時計、別時計、月間カレンダー、タイマーなど時計の付加機能にとどまらず、ゲーム、計算機、ラジオ、録音機能、ライター、トランシーバー、テレビのチャンネルリモコン、ポケベルなど、時計とは関係ない機能を含めて、考えられるアイディアはすべて商品化されたと言っても過言ではない状況でした。

典型例は１９８２年に登場したテレビウオッチ（**図４－９**）です。腕の液晶表示部分にテレビの画面が１・２インチのサイズで映し出され、音声はチューナー部からイヤホンで聞く仕組みです。世界初の液晶テレビでもありました。10万円という価格にもかかわらず爆発的に売れましたが、野球中継を試合終了まで腕で見るのは、しんどいものがあります。

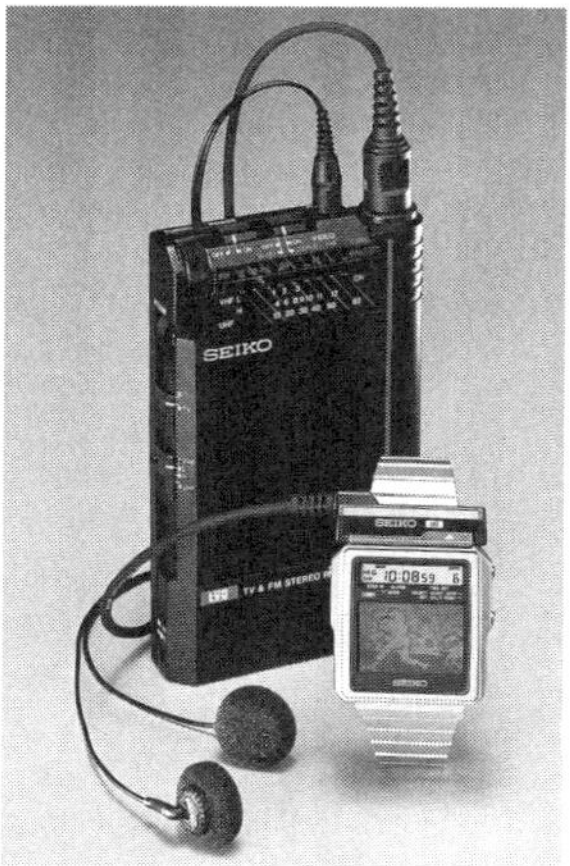

図4-9　テレビウオッチ（写真提供：セイコーミュージアム）

ところで、デジタルウオッチの新たな可能性を切り開いたのは、メモリー機能でした。デジタルに使うＬＳＩの価格が下がったことで余裕が生まれた容量を、メモリーに使い始めたのです。スポーツの途中でメモを取るのは難しいのですが、クロノグラフで計測したタイムをそのまま記憶させたり、腕時計が個人の持ち物であることから、電話番号や暗証番号などちょっとしたメモを時計に覚えさせておくことが便利だと評価されたのです。ジョギング用ウオッチの中には、あらかじめ途中地点の目標タイムを入力しておき、経過時間を確認して実際のスプリットタイム（一定距離ごとの所要時間）を記憶できる時計もあります。ヨット用デジタルでは、時計に時間の競技ルールを組み込んでいます。

また、アラームと要件スケジュールを連動させることで、電子手帳のはしりのような機能が生まれましたし、電話番号を記憶させておくだけではなく、ワンタッチの操作で電話番号を自動的にダイヤルしてくれる機能もできました。正に、デジタル技術で時計の活用は大きく広がりました。

センサー機能の導入

電子化で新たに使えるようになった技術にセンサー機能があります。電池を電源に、電気を使って、気温、水温、気圧、水深、心拍、血圧、方位などさまざまなデータを計測することができるようになりました。

例えばダイバーズウオッチの使用目的は、「深い海の水圧に耐えられる時計」から、「相棒として、ダイビングをサポートする道具」へと変化しました。時間だけでなくセンサーで水深を自動的に計測、記憶することにより、ダイビングごとの詳細な記録（潜水深度・時間など）を残すことができます。さらに、潜水病を防ぐために適正な浮上スピードを表示したり、次のダイビングまでや、気圧が下がる飛行機に搭乗するまで身体を休めなければならない最低休憩時間も表示するようになりました。

また、山岳スポーツでは、気圧センサー付きの時計を腕にして登山をすれば、下山するつもりが登っているような勘違いによる遭難を防げます。ランナー用のウオッチは心拍を測れることから、ウオームアップは十分か、運動強度は適正か、体力は向上したか、など科学的データを確認しながら、効率的なトレーニングに励めるようになりました。

初期のデジタルウオッチは、時刻表示がデジタルというだけでしたが、第２期は、デジタル情報処理による機能の魅力が加わったのです。

多様化する電源

クオーツによって、時計は信頼に足る道具になりましたが、唯一の弱点は電源でした。機械式時計は、精度は劣っていても、故障以外で突然止まることはありませんが、電子ウオッチは電気エネルギーがなくなると、時計としての機能はすべて失われます。

もちろん、メーカーはその弱点を減らそうと努力を重ねてきました。「消費電力の削減」は継続的に行われ、当初は1年だった電池交換の頻度が、男性用で3年、女性用で2年が当たり前になりました。ユーザーが自分で電池交換のできる構造の開発や、デジタルウオッチでは5年の長寿命商品も発売されたものの、時計の厚みが通常のものよりも2〜3ミリメートル厚くなり、受け入れられませんでした。ユーザーにとって、便利さと装着感は微妙なバランスで成り立っているのです。

そこで、技術者が取り組んだのは、「電池切れのない」クオーツです。まず、使うエネルギーがより小さくなれば、代替エネルギーの選択肢は一段と増えますので、既存のエネルギーに加えて、これまでは見過ごされてきた作用や現象までもが、時計のエネルギーとして活用されるかもしれません。例えば、部屋の中の蛍光灯などの交流電気から漏れている漏洩磁気を拾って発電したり、電気コードの回りに磁気コイルを巻いておいて磁気を集めて発電したり、気圧のわずかな変化をとらえてエネルギーに変換し、時計を駆動することも不可能ではありません。事実、気圧差のエネルギーを活用して動く置き時計はすでに存在します。

研究テーマは、①消費電力の削減と電池の長寿命化、②「外部発電」による電力供給、③内部発電など、多岐にわたりました。当然のことながら、供給できる電力が時計の消費する電力を上回れば良いわけで、効率の良い電力供給手段を開発するか、消費電力を絞れれば、新たな選択肢が広がります。

ケアフリーな太陽電池

外部発電の中でも、構造がシンプルな「太陽電池」（ソーラーバッテリー）に力を入れたのが、シチズンです。ただ、実用化には、エネルギーの変換効率の向上と製造コストの削減、デザイン面での制約の解消など、課題も山積していました。

世界各地でデジタルウオッチへの応用例はありましたが、１９７４年2月にアナログの試作を発表し、１９７６年に世界初の太陽電池付アナログ腕時計「シチズン　クリストロ

図4-10　世界初の太陽電池付アナログ腕時計（写真提供：シチズン時計）

ンソーラーセル」（**図4－10**）を発売しました。

原理は、時計に降り注ぐ太陽光エネルギーを、文字盤に配した太陽電池で電気エネルギーに転換し、制御回路を通じて二次電池に充電し、二次電池から安定した電気エネルギーが駆動回路に供給されるという仕組みです。制御回路は、光が照射されない時に電流が逆流することや、強すぎる光で大電流が流れて二次電池が損傷することを防止する役割があります。

ちなみに、クリストロンソーラーセルに使われた太陽電池の起電力は1枚当たり0・5ボルト程度でしたので、8枚のセルを直列につないで使用しました。時計を1日駆動するのに必要な充電時間は、太陽光で約10分です。しかし、二次電池の寿命は約5年程度で、通常の銀電池よりも高い交換料金が必要でした。

また、時計としては、太陽電池の厚みとセルの色もネックになりました。白を基調とした文字盤が最も好まれる腕時計では、シリコン特有の紫がかったセルの色が制約になったのです。しかし、セルの上面を別の色で被うと、変換効率が下がってしまいます。

太陽電池付ウオッチの売れ行きに火がついたのは、１９８３年頃からです。板状に加工されたシリコン太陽電池に代わって、薄く、自由な形状に加工できるアモルファスの製造技術が開発され、電極の取り付けが簡単になったことから、安く供給できるようになりました。軽くて薄いソーラー・デジタルウオッチが一大ブームを巻き起こしました。

次に起きた技術革新は、化学電池ながらも長期間にわたって性能が維持できる品質の良いリチウムイオン電池が開発されたことで、寿命が驚くほど延びました。使用開始から10年経過しても劣化は10パーセント程度に収まるばかりか、充電、放電の可逆反応に５００回以上耐えられます（計算上は２５０年使用可能）。「フル充電になれば6ヵ月駆動し続ける腕時計」が発売され、消費者の安心感は一気に高まりました。

また、エネルギー変換率も20パーセントにまで向上したため、パネルの上に置く文字盤に多穴質のセラミックを採用することによって、透過する一部の光をカットして太陽電池特有の色を薄め、文字盤に白色系の色を採用できるようになりました。

さらにシチズンは２０００年10月には透明なソーラーセルを使用した「エコ・ドライブビトロ」を発売しました。原理は、ソーラーセルのパターンを微細化させることで、肉眼

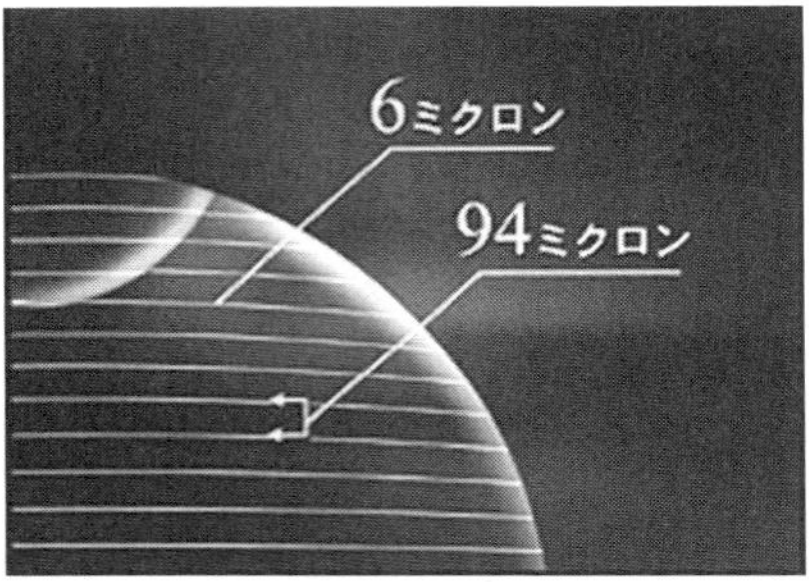

図4-11　微細なパターンでソーラーセルが構成されているので、肉眼では認識できない（写真提供：シチズン時計）

ではアモルファスのセルが認識できないようにしています。具体的には、ガラスの基板上に酸化インジウムスズ（ITO）の薄膜、アモルファスシリコン、ITOの順番で線状に吹き付けてセルを構成するのですが、人間の肉眼では認識することが難しい10ミクロン以下の線が100ミクロン以下の間隔で引かれるパターンに仕上げるのです（**図4-11**）。

透明なソーラーセルの開発で、文字盤カラーの制約がほぼ解消されましたが、立体的な線を使用したことで、一方向からの光だけでなく、文字盤に反射した光や、セルのサイドからの光もエネルギーに変換できるという副次効果も生まれました。

人間の体温で発電する腕時計

腕に付けている時間が長い時計ならではのエネルギ

ーとして考えられたのが、人間の体温で発電してクオーツ時計を動かすウオッチです。もともと人間の身体が無意識の内に放熱している熱エネルギーは相当なもので、電気エネルギーに１００パーセント変換できれば60ワットの電球を点灯できると言われています。腕に装着するウオッチには最適なエネルギーですが、まだ構造が複雑で、普及品には応用できません。

１９９８年12月に発売された熱発電ウオッチ「セイコー サーミック」（**図４－12**）では、２種類の金属に温度差が生ずると電位差が起きる「ゼーベック効果（熱起電力）」を応用しています。ゼーベック効果は、ドイツの物理学者Ｔ・Ｊ・ゼーベックが発見した効果で、２種類の金属線を接続して閉回路をつくり、接合点に温度差をつけると、電位差が生じて電流が流れるというものです。

ウオッチでは、体温によって温められる時計の裏面と、外気に触れている時計の表面との温度差は常温でも10度程度あるので、この温度差を利用して発電します。腕の体温は、裏蓋を介

図4-12　体温をエネルギーに変える熱発電ウオッチ（写真提供：セイコーミュージアム）

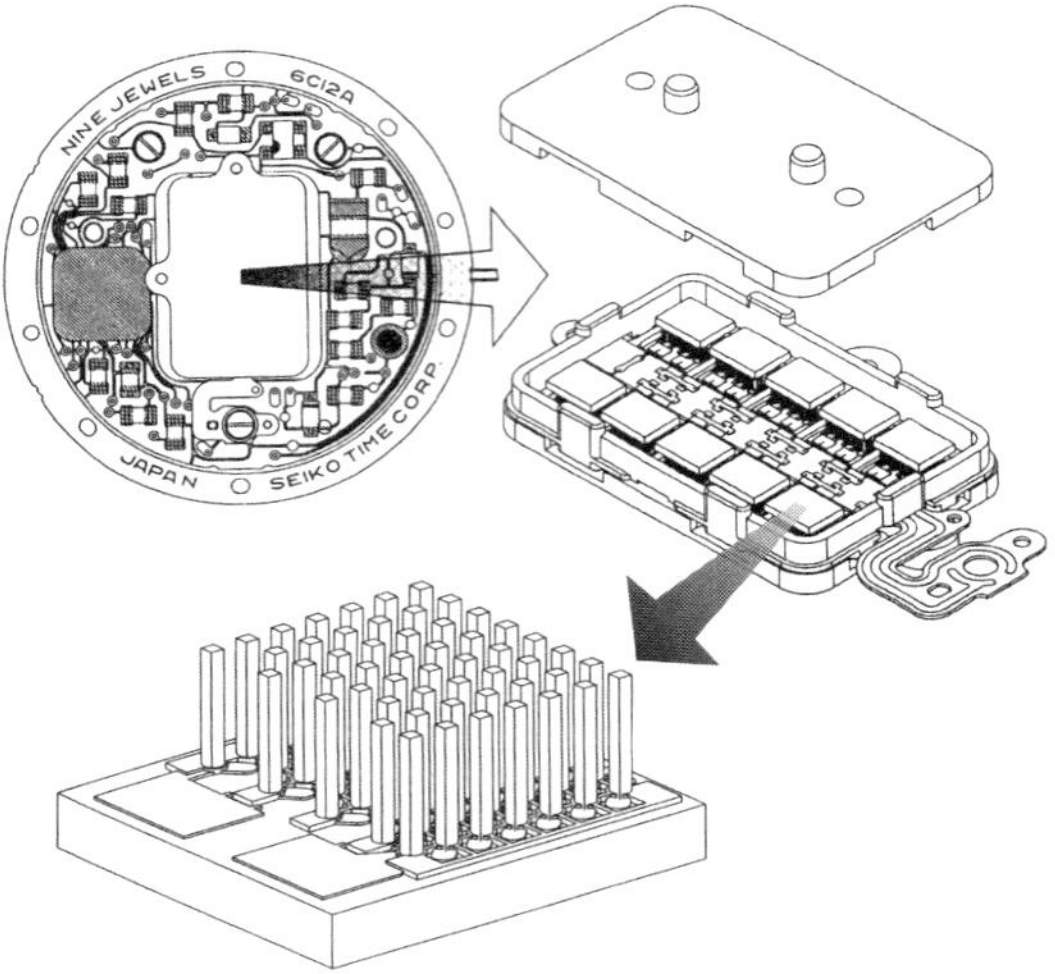

図4-13 「セイコー サーミック」の発電素子の構造図

して時計内部に取り込まれ、熱伝導版を通じて発電モジュールに伝わります。外気の温度が26度以下であれば、消費電力の3倍の電力を発電できるので、余る電気は二次電池に溜められます。

「セイコー サーミック」は、常温付近で熱電力の大きい（摂氏1度で約0・2ミリボルト）Bi-Te（ビスマス・テルル）系合金を素子に採用しました。シリコン基板の高温側と低温側との間に太さ80ミクロン、長さ600ミクロンの超微細な素子を1モジュールあたり104本（52対）配し、10モジュールをユニット化していますので、合計１０４０本の素子を直列に配列したことになります（**図４－13**）。これによって、両端に温度差が1度生ずると、約０・２ボルトの電圧を取り出すことができます。

自動巻き発電への挑戦

クオーツの普及後、諏訪精工舎の技術者たちの間で「自動巻き発電」のアイディアは幾度となく開発テーマになっていたのですが、「発電量」と「消費電力」との差があまりにも大きいために、挫折を繰り返していました。ちなみに、１９８０年代初期に諏訪精工舎のプロジェクトチームが開発した試作品で取り出せた電流は１００マイクロアンペア（１万分の１アンペア）で、実用化のメドとなる１００分の１以下に過ぎませんでした。

しかし、「補正駆動パルス」を１９８０年代半ばに導入したことで、消費電力が初期の機種の30分の1にまで減った結果、内部発電の可能性が見えてきました。

自動巻き発電の仕組みは、次のようになります。まず、ウオッチをつけている腕の動きによって、回転錘が回る↓輪列によって回転は約１００倍に増幅され、サマリウムコバルト磁石製の発電用ロータ－を回転させる↓電磁誘導作用で発電用コイルに交流電圧が発生

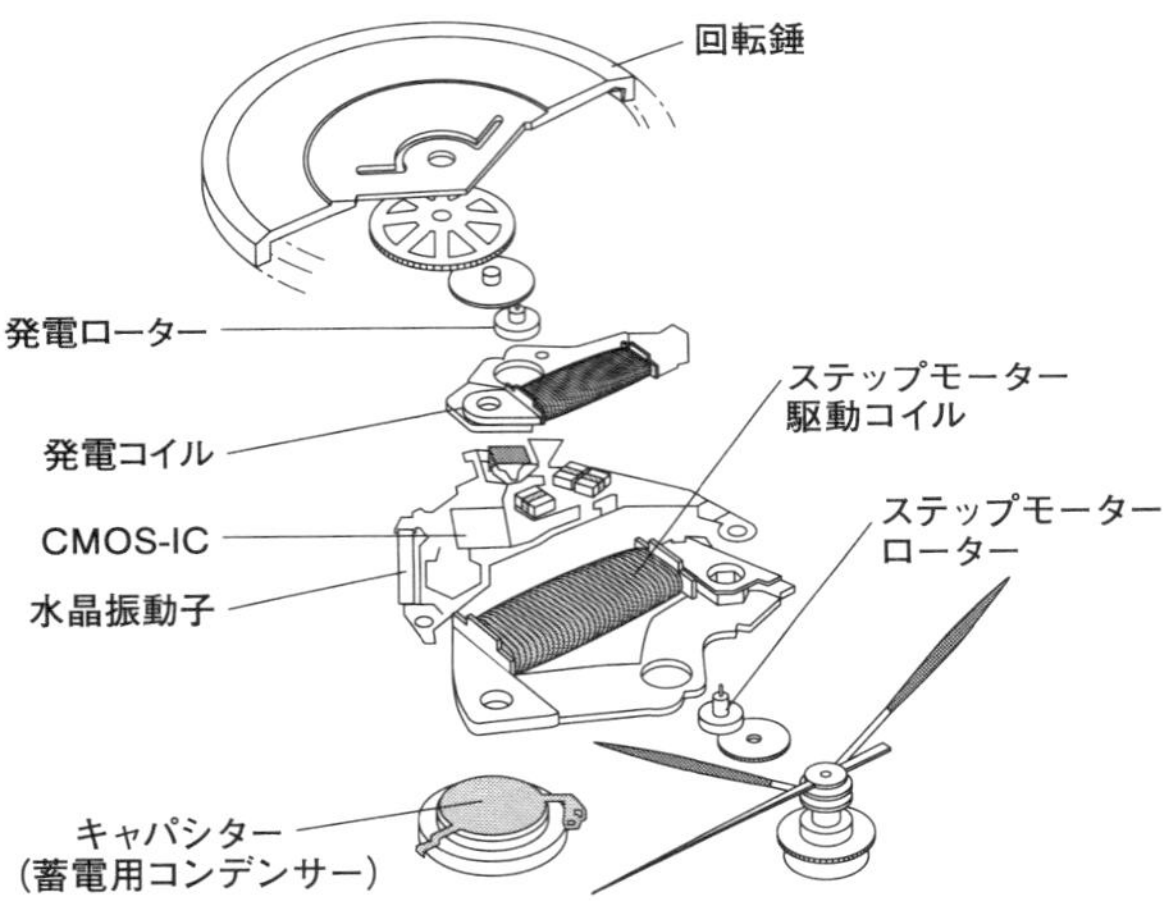

図4-14　自動巻き発電（キネティック）の仕組み（セイコーミュージアム提供の図をもとに作成）

し電流が流れ、発電する。発電された電流は、制御回路の中のダイオードで整流されてキャパシター（大容量のコンデンサー）に充電され、充電された電気は電気エネルギーとして安定的に供給され、時計を動かすために使われます（**図4－14**）。

発電量を増やすには、回転錘が速く回るようにすれば良いように思われますが、実際には、速く回ると発電機の出す磁気によって電気が起き、ブレーキ役になるなど、極小の発電機には、一般の発電理論が通用しないことが分かりました。

また、回転錘の回転を伝達する輪列

は髪の毛ほどの太さの回転軸で支えられているため、衝撃のかかり方によっては折れる危険性があるなど、小サイズならではの難問もあります。技術者たちはコンピューターによるシミュレーションで試行錯誤を繰り返しながら解決策を探り、１００円玉半分大という世界最小の発電所がウオッチの中に出来上がったのです。

１９８４年秋には基本原理は完成したものの、コスト面で量産化のメドが立たないため、１９８６年の欧州時計見本市へ参考出品し、発明理論を欧州合同時計学会に発表したところ、日照の少ない地域では有効な時計になると、大反響を呼びました。そこで商品化を決定し、製造面での体制を整えて、１９８８年に「ＡＧＳ（＝Automatic Generating System）」（後に「ＫＩＮＥＴＩＫ（キネティック）」に改称）として商品が誕生しました。

ちなみに、スイスでもＳＭＨが開発した自動巻き発電の原理が発表されています。回転錘によって引き起こされた回転運動が、ギア・トレインを介して極小スプリングを巻き上げます。スプリングの反発力が、臨界点に達して発電機の磁力を越えると発電機が回転し、極小スプリングは巻き戻されます。一連のプロセスは50ミリ秒ほどで繰り返され、発電機の回転数は１分間に１万５０００回にも達します。

ゼンマイで動くクオーツ時計

時計の技術は、先人たちの知恵と工夫を積み重ねて完成した機械式時計の時代を経て、電子時計の時代を迎えましたが、機械式と電子式の両方のメリットを合わせて取り込み、究極の時計を目指したのが、「ゼンマイ駆動のクオーツ時計」セイコースプリングドライブです。

原理は、機械式時計と同様にゼンマイの動力で駆動し、電子時計の技術で制御することで、クオーツの時間精度を発揮します。つまり、電池切れの心配がなく、クオーツの精度で時を刻む時計です。

機械式時計の仕組みは、ゼンマイの解ける力を輪列に伝え、脱進機（ガンギ車、アンクル、テンプ）がその力を一定の速度に制御することで精度が保たれますが、スプリングドライブでは脱進機がトライシンクロレギュレーター（ローター、コイル、ＩＣ、水晶振動子）に置き換えられているのです（**図4－15**）。

スプリングドライブを開発したのはセイコーエプソンで、自動巻き腕時計と同様に回転錘でゼンマイを巻き、ゼンマイの解ける力を利用してローターを回し、その回転運動で発

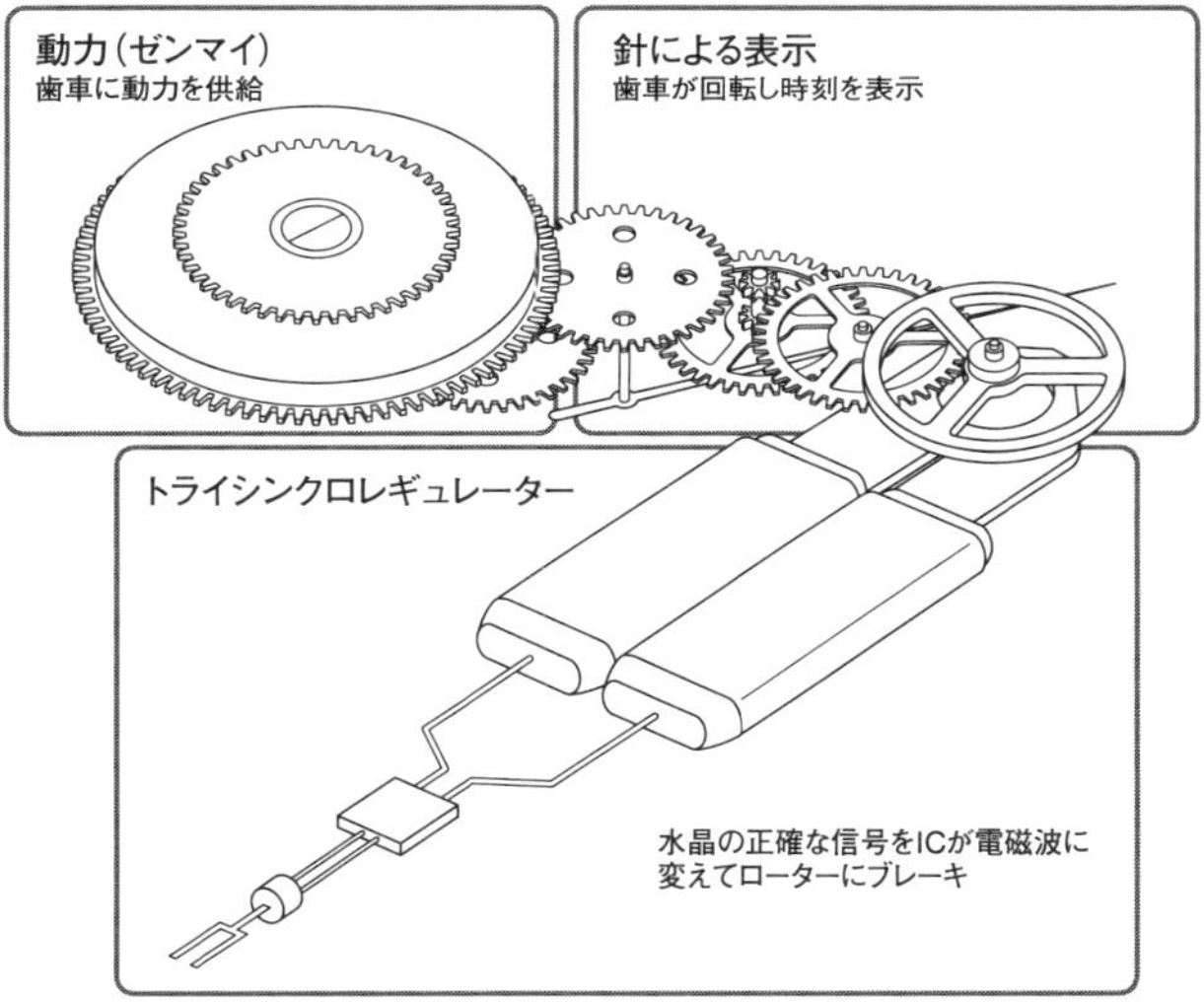

図4-15　ゼンマイ駆動のクオーツ時計（セイコーミュージアム提供の図をもとに作成）

電します。その電気エネルギーで水晶振動子を発振させるとともに、制御回路をコントロールします。

ローターの回転数は、８ヘルツよりも多くなるように設計されていますが、ＩＣは、水晶振動子とローターの回転速度を検出し、速すぎる速度には磁石でブレーキをかけて安定した振動数に抑え込みます。それによって、ローターの回転は、一定に保たれて輪列に伝わるのです。

この制御のやり方は、坂道を下る自転車のスピードが出すぎた場合に、ブレーキをかけて速度を一定に保つのと同様です。

スプリングドライブの駆動では、発電効率を高めるとともに、低消費電力で効率よくエネルギーの伝達を行うため、各々の歯車のかみ合い部や柄部を徹底的に磨き上げる必要があり、熟練工の匠の技術が不可欠です。

スプリングドライブの最大の特徴は、電子時計でありながら、二次を含めて電池を一切使わないことです。

コラム4　飛躍的に進歩したスポーツ計時

今日のスポーツ大会には計時（タイムなどの計測・掲示）が欠かせません。科学の力で精確さ、公正さを導入することで、「速さ、強さ」を客観的に判定できるからです。しかし、当初は時計がスポーツの速さについていけず、満足な計時ができなかったのです。クオーツ技術、電子技術を取り入れることでスポーツ計時は飛躍的に進歩して完成の領域に達し、今ではスポーツ自体をも変えようとしています。

古代ギリシャのオリンピックでは、競技の結果は順位をつけるだけでした。全ギリシャ競技大会の会場だったネメアのスタジアムには、ドアのついた13のスターティング・ゲートが設置されており、スタート審判が後ろでロープの束を引っ張ると、それぞれのロープの先に結びつけられたドアが一斉に開く仕組みになっていました。しかし、上位決定戦など重要な戦いでは、肉眼での判定をやりやすくするために2人の走者だけを競わせ、敗者を落とす方法がとられていました。

世界で最初の公式計時は、１７９６年にフランスのシャンドマルスで行われた短距離走でした。船舶用精密時計マリンクロノメーターの針に合わせて選手をスタートさせ、トップランナーの記録をとることに成功したのですが、一般には普及しませんでした。競技の進行に合わせて針を戻し、スタートの合図によって計測を開始できるストップウオッチがなかったからです。

スポーツの場面でストップウオッチが使用された最初の記録は、1822年にフランスで開催された馬術大会でした。医療用のストップウオッチを転用し、競技が所定時間内に終了したか否かを確認するために使用されたようです。

1896年の第1回近代オリンピックでは5分の1秒単位で計測可能なストップウオッチが使われましたが、記録はあくまでも参考程度でした。時計の精度もさることながら、肉眼に頼る計測方法では計時員の資質やくせによってバラつきが出るからです。

オリンピック憲章の「より速く」「より高く」「より強く」の標語は1920年の第7回アントワープ大会から使われるようになったもので、タイムが関心を集めるようになったのは、その頃からです。

人々は勝敗や順位だけでなく記録に対しても関心を払うようになったのです。1マイル走で4分を切れるか、100メートル走で誰が10秒の壁を破るのか、などに注目が集まるようになったのです。しかし、肉眼で確認し、ストップウオッチを人間の手で操作する手動計時の問題点も浮き彫りになってきました。

１９３２年のロサンゼルス大会では、オメガが着順の写真判定装置を導入しました。そして、１９６４年に東京で開催されたオリンピックで、セイコーは全自動でスタートからゴールまでを１００分の１秒単位で計測する電子計時システムを完成させました。

スターターのピストル音をマイクロフォンでひろって時計が動き始め、ゴール線上に設置したカメラで全選手のゴールの瞬間を撮影し、タイムが組み込まれたフィルムに再現する仕組みです。また、水泳競技ではタッチ板を導入し、タッチの有無を含めて、波や水しぶきが舞って判定のしにくいゴール付近での正確な計時を目指したのです。

その結果、オリンピック史上初めて選手からのクレームのない公正な計時が実現し、今日の計時技術の基礎が築かれました。国際陸上競技連盟は、さらに慎重な検討と検証を重ね、１９７６年に「記録の単位を１００分の１秒に改正すること」「記録は電気計時による測定のみを公認とすること」を決定し、陸上競技は電子計時の時代を迎えたのです。

時計メーカーが次に行ったことは、公平さの実現でした。スターターからの距離の差で選手が不公平にならないよう、スピーカーをスターティング・ブロックに組み込み、すべての選手がスタートの合図を同時に聞けるように改善しました。

スリット写真は、1秒間に2000枚の連続写真を撮影します。それぞれの画像は、フィニッシュライン上のおよそ「幅1cm×縦15m」の細長い写真です。

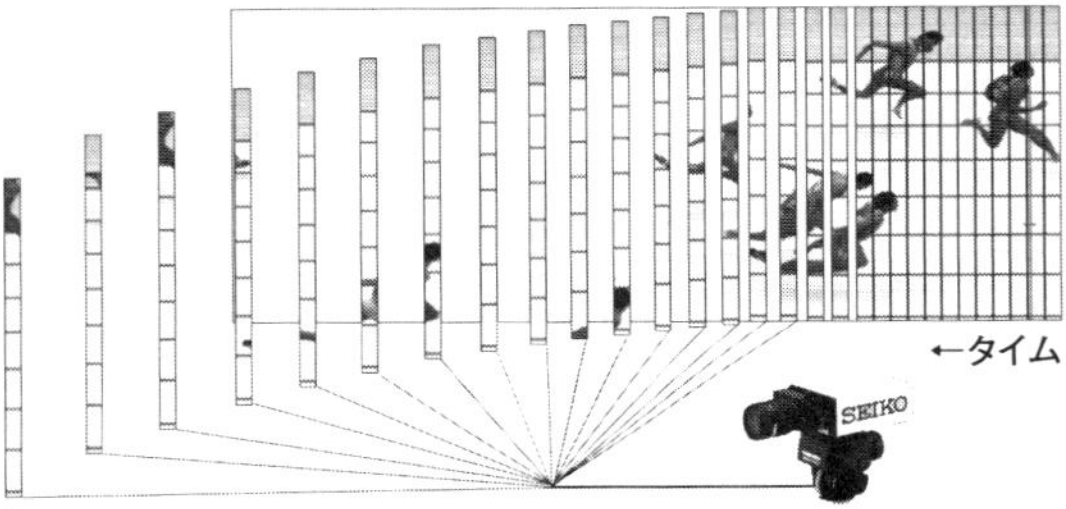

スリット写真の細長い画像を時系列につなぎ合わせると、下の画像になります。着順判定は判定ラインを選手のトルソー(胴体)にあわせて行われます。

スリットビデオカメラの仕組み

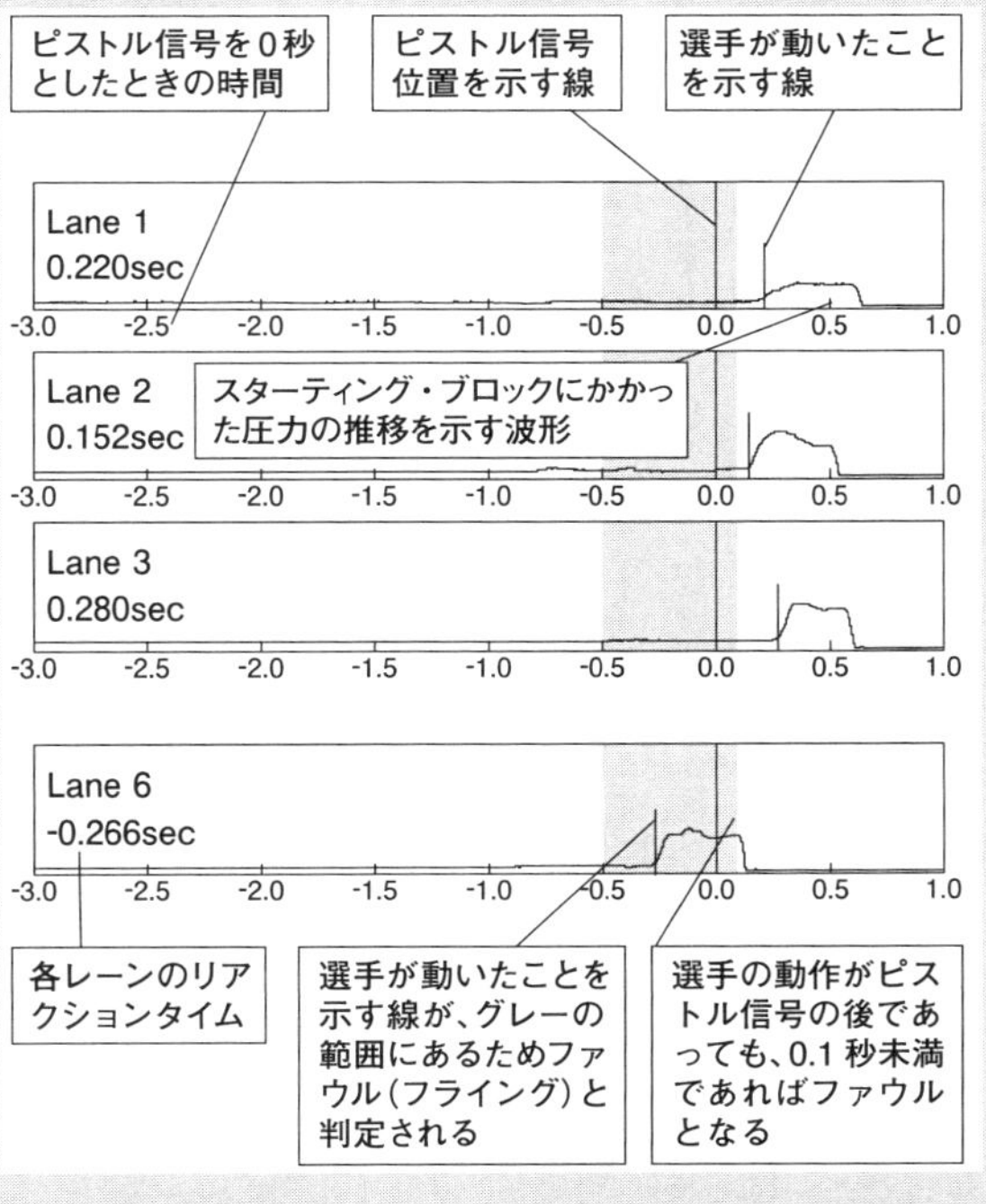

スターティング・ブロックに組み込まれたファウル判定のシステム

その後、「スタートでの公正さ」を期するために生まれたのがファウル判定装置です。現行ルールでは、選手は「ヨーイ!」の掛け声で一旦身体の動きを停止しますが、スタート合図の「ドン」から1000分の100秒（10分の1秒）未満に身体が動くと、フライングと判定されます。

スターティング・ブロックにはセンサーが仕掛けられており、スターターのピストル音から遡って0・1秒未満に一定の重みや体重の変化を検知すると、警告音をスターターのヘッドフォンに伝えます。同時に、全選手の体重の移動状況を記録紙に打ち出します。

しかし、近年は、このフライングが短距離走競技に、重大な影響を与えるようになっています。以前は、2回までのフライングが容認されていたのですが、最近は競技時間のスピードアップが求められ、1回で失格になってしまうルールになっているのです。

ところが、最近、失格になった選手から、「自分はフライングをしていない」とのクレームが増え、「10分の1秒未満でのスタート」を立証する学術論文があちこちから発表されるようになりました。

そこで、国際陸連は2009年に、スポーツ関連の学者や関係者の立会いの下、フィンランドで検証を行いました。すると、意外な結果が出ました。公正に見て、フライングをせずに、1000分の85秒以内でスタートする例が複数確認できたのです。

簡単に論点を整理すると、国際陸連がフライングの規定を「1000分の100秒」に設定した根拠は、生理学の古典的な論文の「人間が外的刺激を感知し、大脳が判断して、身体が反応するのに必要な時間は、最低1000分の140秒」との論拠でした。ところが、近年の研究によれば、人間は同じ刺激を繰り返していると、情報は大脳まで行かずに、小脳で反応して身体を動かすことができ、反応時間は短縮できることが分かったのです。

ただし、これを立証するには論理的裏付けが必要なのですが、そのためには身体を動かすための「脳磁場」から発せられる電気信号を測定する必要があります。しかし、「脳磁場」からの電気信号は、地磁気の1億分の1レベルで、脳のα波よりもさらに1桁も弱いので、測定が極めて難しいのです。

したがって、近い将来、フライングのルールは大幅に、見直される可能性がありそうです。

第5章 超高精度時計と未来

ラジオ放送の時報を活用

時計の時刻を外部の時間情報電波で補正するアイディアは昔からありましたが、ウオッチで受信できるようにアンテナを小さくする技術がなく、実現できませんでした。しかし近年は、受信側の設備が小さくて済む長波電波による報時サービスが充実し、超小型アンテナの開発で、腕時計の電波時計が普及しました。さらに、ＧＰＳ衛星からの電波を直接受信するＧＰＳ時計の商品化で、地球上のどこでも該当地域の正しい時間を知ることができるようになりました。

１８８０年代に発見された電波を使って、標準時を広範に伝えようという試みは、20世紀初頭に欧米で始まりました。米国では海軍天文台が１９０４年からニュージャージー州ナヴシンク送信所から標準時の送信を始め、１９０５年からはワシントンでも送信が始まっています。欧州では１９１０年に、フランスとドイツの天文台が同様なサービスで大陸全体をカバーするようになったのですが、高さのあるエッフェル塔の送信所の電波が遠くまで届くため、よく利用されました。

ただし、使われた電波は短波だったので、利用できたのは短波受信機を持っている専門家に限られていました。短波は送信側の設備が長波に比べて簡素で済むわりに、比較的受信エリアが広いのがメリットです。

一般の人が手軽に利用できるようにしたのがラジオ放送での時報で、英国が最初です。ＢＢＣ（ラジオ）は英国国内で時間を統一できるように、１９２４年から６回のビー音による時報を流し始め、これが世界各地に広がっていきました。

ちなみに、日本では１９３３年にＮＨＫラジオ（中波）が自動化した時報を、１９４０年から逓信《ていしん》省（のち郵政省、現総務省）が千葉県検見川町（現千葉市）から日本標準時（ＪＳＴ）の送信を短波で開始し、正確な時間を知りたい放送局や洋上で活動する漁船などが利用していました。

日本で最初の電波（受信・修正）時計は精工舎の製作した業務用の水晶設備時計で、１９６６年にＮＨＫ松山放送局に収められました。この時計は、日差プラス・マイナス０・００２秒の精度があり、ＪＪＹの電波を受信し、自動で誤差を補正するものでした。

家庭用の時計では精工舎が、内蔵しているトランジスターラジオでＮＨＫ第１放送の時報音を捉え、機械的に指針を修正する掛け時計を開発し、１９６２年の大阪国際見本市に参考出品したところ大きな反響がありました。そこで、翌１９６３年に商品として発売し、数は少ないものの、学校や企業などから強い支持がありました（**図5-1**）。遠くからでも見えるように、高所に設置されていた時計の誤差（当時は1ヵ月で数分遅れ進みする）を修正するのには手間が掛かったからです。

仕組みは、設定されている時刻（朝夕7時）の1分30秒前になると、ラジオの受信機に電源が入り、放送の受信を開始する→880ヘルツの時報音を検出する→修正機構駆動回路に電流が流れ、修正機構が作動して待機状態になる→受信して確認（進み遅れがある場合は、針を7時の位置になるように修正）→受信後1分30秒が経過すると、受信装置の電源が切れる、というものです。

この手順で、時刻の照合と補正作業が1日2回繰り返されました。一見、構造は複雑に思えるのですが、この時計は時分針だけの2針なので、秒針を動かす必要がないこと、修正は誤差分を補正するのではなく、誤差量に関係なく、すべて「ゼロ分」の正位置に戻す

図5-1　学校などで使われたラジオ電波修正時計（写真提供：セイコーミュージアム）

だけで済むため、作業は単純です。なお、受信電波をNHK放送に絞ったのは、当時の民放は時報の方式が統一されていなかったからです。それでも、NHKは全国放送ですが地域ごとに周波数が異なるため、受信領域は531〜1584キロヘルツをカバーしていました。

標準時刻電波を腕で受信

腕時計に電波受信機能が取り入れられるようになったのは、主要国の標準時刻電波が短波から長波に置き換えられ、極小サイズのアンテナでも受信できるようになってからです。ちなみに、1990年時点に長波で発信していたのは、日本（三和町）以外に、ドイツ（マインフリンゲン）、英国（ラグビー）、米国（コロラド州フォートコリンズ）で、1991年にドイツの時計メーカーのユンハンスがデジタル式電波ウオッチの販売を開始しました。

戦後の日本では、茨城県三和町（現古河市）名崎送信所から、出力2キロワット、周波数5、8、10メガヘルツでJJY電波が送信されていましたが、民生用品での利用促進を図るため、1977年に長波の試験運用（受信範囲約500キロメートル）を始めまし

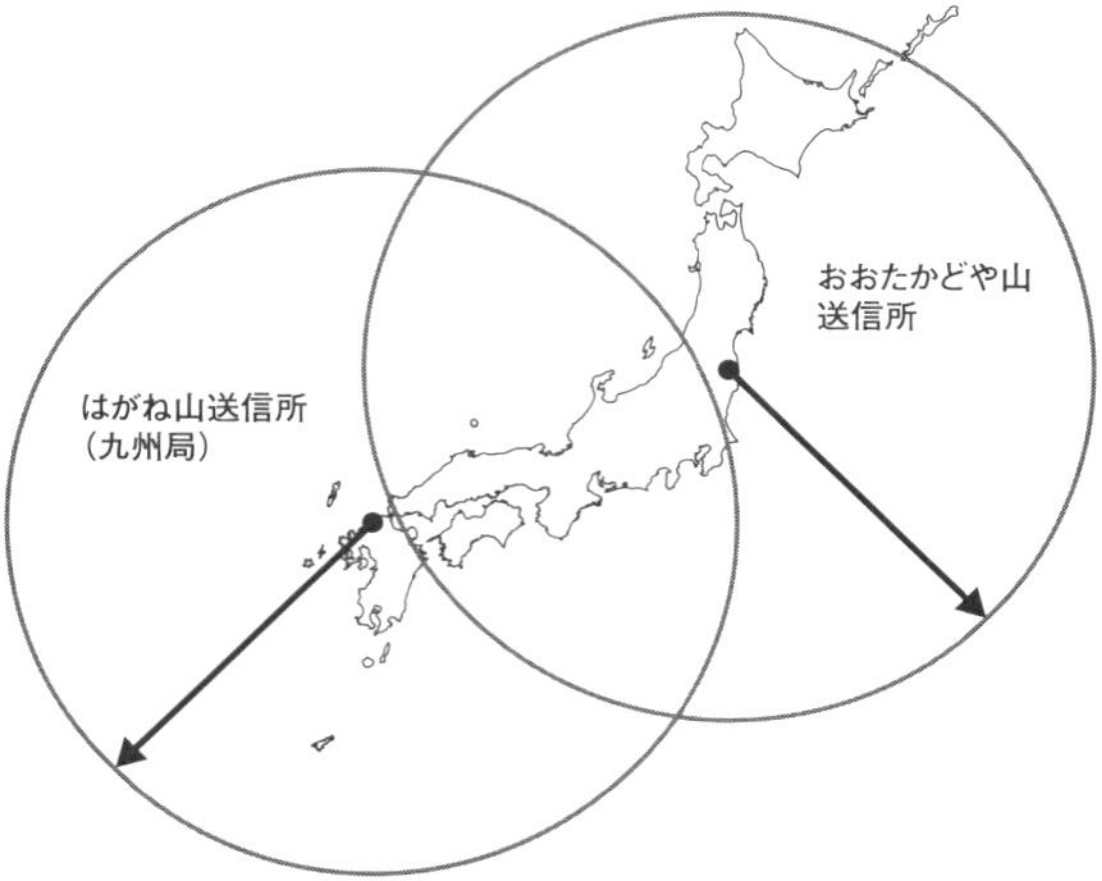

図5-2　電波送信所の所在地と受信可能範囲（上）、おおたかどや山標準電波送信所全景（下、写真提供：NICT）

た。その後、郵政省が福島県の田村郡（現田村市）と双葉郡にまたがる大鷹鳥谷山に新たに送信施設をつくり、40キロヘルツ（出力50キロワット。受信範囲約1200キロメートル）で本格運用を始め、2001年には佐賀県富士町（現佐賀市）と福岡県前原市（現糸島市）の境界にある羽金山にも同様の施設（60キロヘルツ）を建設して、ほぼ日本全土をカバーするようになりました（**図5－2**）。

電波塔から発信される時間情報は、国が運用している標準時の機関からの時間情報をリアルタイムで受信して電波に載せているので、誤差精度としては、30万年に1秒以内です。電波時計の最大のメリットは、ウオッチの価格に対して、破格な高精度を手に入れられることです。

日本で電波腕時計の開発に熱心だったのはシチズンです。1993年に世界初のアナログ時計で、多局の電波が受信できる機種「シチズン電波修正時計」を開発しました（**図5－3**）。表示できるのは、時、分、秒、24時間、カレンダー、電波受信の有無ですが、最も苦心したのは、僅か直径3センチメートルの腕時計に収まる超小型アンテナと微弱電波を妨げない時計ケースの開発、そしてムーブメントが発するノイズ対策でした。

アンテナは、長さ30ミリメートル、直径3ミリメートルのマンガン・亜鉛の軟磁性体を

図5-3　初のアナログ式電波修正時計（写真提供：シチズン時計）

芯に、銅線を480回巻いてつくり、ムーブメントの金属部品からなるべく遠い文字盤の中央に配置しました。外装の金属が電波受信の妨げになる可能性があるため、電波の入り口となるアンテナの両端のケースのベゼル（縁）にはセラミックスを使用し、内部のノイズとなるステップモーターからの漏洩磁束を防ぐために、アンテナとムーブメントの間をシールドしました。

その後、国の標準時刻電波の本格運用が始まったことで、各社から続々と新製品が登場しましたが、ソーラーバッテリーとの組み合わせで「ケアフリー」化が進んだことで便利さが知れわたり、国内では普及が一気に進みました。

さらに、アンテナの受信感度が向上したことから、アンテナサイズを半分にしてケース内に収納したり、フルメタルケースの機種を開発できたことで、デザインが豊富になりました。また、部品の調達コストが下がったことで、一般の時計にも取り込まれるようになり、付加機能の一つと考えられるようになっています。

ただ、電波環境の整った日本国内での使用では問題はないのですが、外国では長波の標準時刻電波サービスを行っている国が限られていること、米国のように広い国土でありながら電波塔の設置が少なく（中央部の１ヵ所のみ）、大都市の多い沿岸部ではあまり役に立たないなど、もどかしさもあります。

ＧＰＳ衛星の電波を直接受信

一方、精確さで知られるＧＰＳ衛星の時刻情報を活用する研究開発も進みました。標準時刻を発信する電波塔の設備の有無を問わず、地球上のどこにいても、正確な位置と時間情報を知ることができるからです。

ＧＰＳは米国が始めた全地球測位システムで、高度２万キロメートルの上空に打ち上げられた31基の人工衛星には、誤差が30万年に１秒以内という高精度の原子時計（２０１ページ）が搭載され、常時正確な時間情報を発信しています。この中で近くを飛行している３ないし４基の衛星の電波を受信して時間情報を照合すると、受信地の正しい位置を特定できます。時計側では、衛星の時刻情報を組み込まれたタイムゾーンのプログラムに合わ

図5-4　デジタルウオッチ初のGPS受信機種（写真提供：カシオ計算機）

せて、正確な時間を表示します。

情報そのものは極めて有効なのですが、地球から２万キロメートル離れた衛星からの微弱電波を、わずか直径３センチメートルの腕時計に収められた小さなアンテナで確実に捕捉することや、同時に４基の衛星電波を捉えて演算処理する電力を賄うこと、増えた部品を収納するスペースを確保することなどには、多くの技術的な壁がありました。特に同じＧＰＳ機能でも、毎日充電することが当たり前になっているスマートフォンとは異なり、時計に許される電力は非常に少ないので、スマートフォンよりも１桁小さい消費電力で作動するＧＰＳ受信機能の開発が必要でした。

ＧＰＳ機能を内蔵したデジタルウオッチを、世界で初めて商品化したのはカシオ計算機で、１９９９年にアウトドア商品として発売した「プロトレック　サテライトナビ」（**図5－4**）でした。衛星から配信される軌道データ（アルマナックデータ）を、あらかじめ時計に記憶させ、このデータと登録されているエリア、時間情報をもとに現在上空にある衛星の位置を想定して解析し、誤差30メートル以内で自分のいる場所の緯度と経度をグラフィックに表示するものでした。

また、目的地の緯度・経度を入力すれば、方位と距離が算出されるので、登山や車のラリー、ヨットなどに使うには便利な機能です。電源は、リチウム電池１個ですが、約６００回の計測が可能です。

アナログウオッチで、ＧＰＳ衛星の時間情報を直接取り込むことに成功したのが、「シチズン　エコ・ドライブ　サテライト　ウエーブ」（２０１１年）です。ユーザーはあらかじめ、使用エリアを入力しておく必要がありますが、４時位置のボタンを２秒間押し続けると手動で受信ができ、72時間以上受信行為がない場合は、時計が自動で受信・補正をします。活用情報を時刻、カレンダー情報に限定しているため、１基の衛星電波でことが足り、消費電力も少なくて済みます。

自動でローカルタイムを表示

ＧＰＳの測位情報と時間情報を同時に取り入れ、地球上のどこにいても、ユーザーのいる地域の現在時刻を正確に表示できるアナログのＧＰＳウオッチ「セイコーアストロン」を、２０１２年に開発したのがセイコーエプソンです。

「セイコーアストロン」の文字盤を空に向け、２時方向のボタンを６秒間押し続けるだけで、時計が現在位置を割り出し、全世界の主要39タイムゾーンの中からユーザーのいる地域の時刻を針で表示します。電源には、ソーラーバッテリーを使用していますので、電池寿命を気にすることもなく、海外に出かけても現地時刻を調べて合わせる必要もないので、まったくのケアフリーで使える時計です。

アンテナは、誘電率の高い素材を文字盤の周りを囲むように配したリングに、無電解メッキでパターンを形成し、ムーブメントには外周フックで固定しています。

最大の課題は、消費が大きいＧＰＳのモジュールの電力を、いかにソーラーバッテリーの発電量以下に収めるかでした。ＧＰＳモジュールの消費電力は、スマートフォン用の５分の１以下に抑えられましたが、それでも、通常のクオーツ時計が消費する電力の１０００～１万倍、電波時計が受信・時刻修正に要する量の約２００倍にもなります。したがって、消費電力の多い測位情報の使用頻度を減らすため、タイムゾーンを跨ぐ必要のないときは、時刻情報だけを受信して時刻の修正を行います。

ＧＰＳ衛星の電波受信ウオッチは国内他社からも発売されましたが、海外メーカーではまだ商品化されていませんので、日本製品の独壇場になっています。ちなみに、海外では、時刻のタイムゾーンが国内でも複雑に分かれていたり、時差が整数時間単位でない（例えばインドでは、世界標準時に＋５・５時間など）地域もあり、長波の標準時刻電波サービスも少ないことから、輸出地域は全世界に広がっています。

92億回の振動で時間を計る原子時計

時間精度の基準となる振動（周波）は、正確な振動（周波）であるならば、高い振動数（周波数）であるほど時間を高精度に測定できます。振動数（周波数）は、１秒間に繰り返す振動の周期の回数を表します。機械式時計の振動数は１秒当たり５～10回で誤差は１日数～数十秒の精度、クオーツ時計は数万回の水晶の振動子で１ヵ月に数～数十秒の精度ですが、原子時計の振動数は億単位です。

ちなみに、セシウム１３３原子から得られる周波数は、91億９２６３万１７７０回と、アルカリ系金属の中では最も高い一方、外殻電子が１つで遷移がシンプルであること、１族原子の中で、重くて止めやすいなどの特性が計測に適しているため、「秒の定義」の規定に採用されています。

原子発振器での周波数の取り出し方は、概ね2種類の方式に分けられます。一つは、セシウムやルビジュウムなどを素材に使った吸収（共鳴）型です。原子や分子固有のスペクトル線（分光器を通して光を分解した際に見える線）の周波数に近いマイクロ波を原子や分子に当て、両者の周波数が一致したときにマイクロ波の吸収が最大になる現象を利用する方式です。共鳴すれば、照射しているマイクロ波の振動数が原子に固有の振動数と等しいことが確認できます。共鳴する振動数をより正確に測定するためには「ラムゼー共鳴」という手法が用いられ、取り出したデータをもとに、内蔵している時計の基準となる発振器の周波数を補正します。

もう一つはメーザー型で、スペクトル線を定める2つのエネルギー準位のうち、上の準位の原子や分子だけをマイクロ波空洞共振器と呼ばれる装置に集め、メーザー発振を起こさせることによって、直接スペクトル線を取り出す方式です。使用する素材によってアンモニアメーザーや水素メーザーなどがあります。

メーザー型は数分から数時間の測定で高い精度を出すのに対して、吸収型は数日の測定を平均化することでより高い精度を発揮するなど、方式にはそれぞれ固有の特性がありますので、使用目的で使い分けられています。

地球の自転の誤差を発見

原子時計が革新的高精度の威力を見せつけたのは、地球の自転に「誤差」と「ブレ」を指摘し、人類の常識をひっくり返したからです。

世界の人々が、時間の単位を正式に制定したのはメートル法の導入時（1799年）で、基礎単位は「秒」でした。それは、天文学者たちが1000年以上にわたって慣習的に使用していた概念を追認したもので、1秒の長さは、「1平均太陽日の8万6400分の1」でした。平均太陽日とは、太陽の南中時刻をもとに求めた1日を年間で平均したものです。

当時は地球が狂いのない（誤差ゼロ）正確な周期で自転していると考えられており、8万6400秒は、24時間を秒に換算した値です。日本で「秒の定義」が最初に規定されたのは1951（昭和26）年で、東京天文台が欧米を見習って、「1秒は平均太陽日の8万6400分の1」と示しました。

1952年の国際天文学連合総会では「地球の1年の長さの基準年を1900年」と

し、1秒は「平均太陽日の8万6400分の1」と定義する「暦表時《れきひょうじ》」が制定されました。さらに、1956年には、「グリニッジ標準時1900年1月1日午前0時」の地球公転の平均角速度に基づいて算定した「1太陽年の3155万6925・9747分の1」と規定されました。

ところが、新たに開発された原子時計で測定すると、絶対的に正確であると考えられていた地球の自転に「誤差」と「ブレ」があることが分かってきました。機械式時計の時代には、天文観測で計れる精度はせいぜい100分の1秒単位が限界だったのですが、原子時計の開発によって1000分の1秒単位まで計測できるようになった結果、自転軸の方向に3〜5ミリメートルのブレがあることが突き止められたのです。

地球の自転の軸となる地軸は宇宙空間の特定の方向に固定されているわけではなく、地軸自体が円を描く「歳差」運動をしていること、自転軸がごくわずかながらブレていること、地球の自転に季節変動があることが判明しました。さらに潮の満ち引きなどが原因で自転速度が遅くなっていることも分かってきました。

各国で開発の進んできた原子時計による観測データによる照合で「暦表時」では不十分なことが証明され、1964年に原子時計が刻む「原子時」が導入されました。そして、

１秒が恒常的に変化することのないよう、国際天文学連合が「セシウム１３３原子が基底状態で91億９２６３万１７７０回振動する時間を１秒とする」原案を作成し、１９６７年の国際度量衡総会の決定で、今日に至っています。

原子時計の原理

では、セシウム原子時計を例にとって、計測のし方を詳しく見てみましょう。セシウムは、特定周波数の電磁波を当てると、原子核と基底軌道にある最外殻電子の磁気モーメントの相対的な向きが変化して励起状態になる特性を持っています。特に、セシウム１３３の原子は遷移が起きにくいだけでなく、「ラムゼー共鳴」を起こす周波数の範囲が、約92億ヘルツに対してプラス・マイナス20ヘルツと極めて狭く高い精度を発揮することから、「時計遷移」と呼ばれています。

基本の設備（共鳴型）に必要なのは、横長の真空槽の中に、横一線に並べられた、炉（加熱器）、準位選別器（偏向磁石）、空洞共振器、検出器です（**図5－5**）。

加熱器で摂氏約１００度に温めたセシウム１３３原子を蒸気ビームにして水平に打ち出し、準位選別器で特定のエネルギー準位にある原子だけを選別して、空洞共振器に送り込

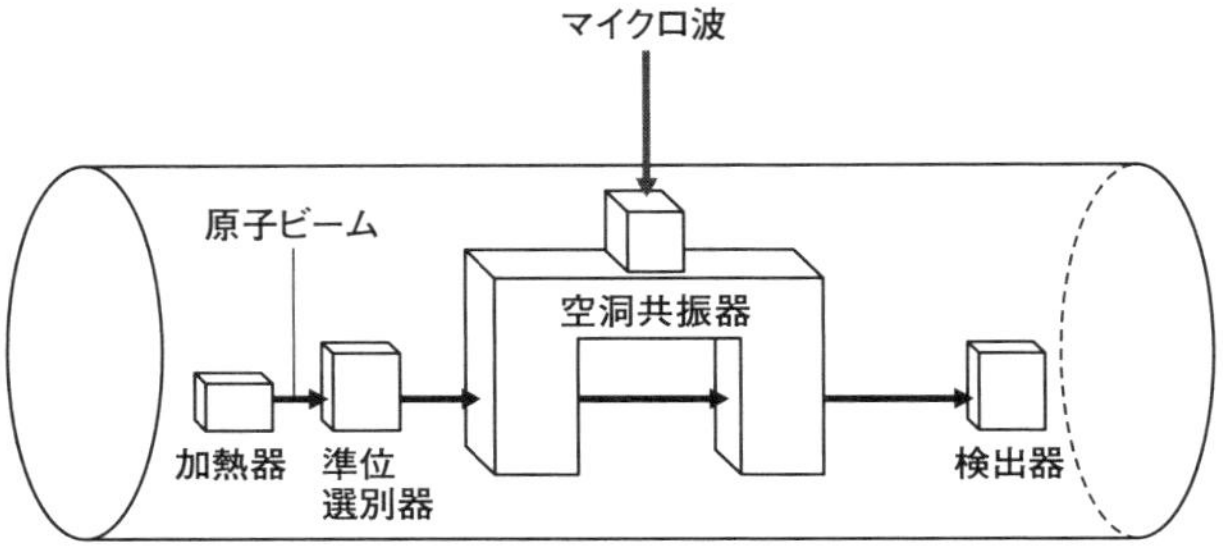

図5-5　原子時計の模式図

みます。空洞共振器を通過する間に、内蔵している水晶発振器（水晶時計の振動子）の振動数を逓倍（整数倍）してセシウム原子の周波数に設定したマイクロ波を照射し、共鳴（ラムゼー共鳴）現象が起こる値を確認し、検出器で通過する原子の数を数えます。しかし、近年では、準位選別器を使わず、レーザー光を照射してすべての原子を遷移状態にそろえるとともに、通過する原子の数を数える「光励起型」が増えています。

　照射するマイクロ波の周波数は、内蔵されている5メガヘルツ級の水晶発振器の周波数を逓倍してつくり出すのですが、周波数の正確さと安定度は遷移状態にあるセシウム原子の方が、はるかに勝ります。

　共鳴現象が起きれば、マイクロ波の周波数の元になっている水晶発振器の振動数が正しいことが証明されますが、ずれていれば、あらかじめ組まれている電子回路が

図5-6　英国の国立物理研究所で開発された最初の「セシウム原子時計」

機能して、検出器からのデータに基づいて水晶発振器の振動数を補正します。

「ラムゼー共鳴」は、共鳴現象を2回行うことによって格段に計測精度を高める手法です。最高の精度を求める「原子周波数一次標準器」では、共振器通過中に測定の機会を増やすために空洞共振器の長さを延ばす必要があることから、装置全体のサイズは人間が横になったくらいの大きさになります（**図5－6**）。

また計測頻度が高いために、装置の中に用意しているセシウム原子を数日から2週間程度で使い切ってしまうので、原子の補給と装置の点検・調整を行うために、運用を一旦止める必要があります。ちなみに、「原子周波数一次標準器」として世界で認められるためには、運用の環境も、「海抜0メートル、真空中、絶対零度、電磁場なし、静止」であることが求められています。

一方、衛星搭載用など実用機能を重視する原子時計では、サイズに限りがある上に、長期間の連続使用が求められるため、設備を簡素化するとともに、計測頻度を減らして原子の消費を抑え、計測データを内蔵する水晶時計の制御に使いながら、運用されます。ちなみに、GPSに搭載されている原子時計の重量は、セシウムで10キログラム程度、ルビジユウムで7キログラム程度、時間精度は30万年に1秒以内で、運用寿命は10年程です。

ちなみに、セシウム原子周波数一次標準器の精度は、以前は100万年に1秒以内程度でしたが、「光励起型」で600万年に1秒以内程度に向上し、その後、2000万〜3000万年に1秒の高精度を実現する「泉型」が開発されています。「泉型」では、計測できるチャンスを増やすため、原子をレーザーで絶対零度近くに冷やして動きを遅く（秒速1センチメートル）し、多数の原子を泉のように上方に打ち上げて、原子を上昇中と落下時の両方向で計測することで、装置のサイズをコンパクトにしながらも、2回の計測を行い、精度を高めています。

世界時は各国のデータで決定

原子時計を最初に製作したのは、ワシントンの米国海軍天文台のウィリアム・マルコビッツで、１９４６年にアンモニア原子時計メーザー型を完成させました。時間精度は３０００年に誤差1秒でしたが、１９５５年に英国の国立物理研究所のルイス・エッセンがセシウム型（時間精度３０００年に誤差1秒程度）の製作に成功しています。エッセンは１９５５年から3年間、当時の標準時だった暦表時との比較を行いましたが、これによって原子時計の正確さと実用機能が証明され、１９６７年に秒の定義がセシウム原子の振動数に置き換えられることにつながりました。

日本では、１９５３年から電波研究所（現ＮＩＣＴ）で原子時計の開発が始まり、１９５６年にアンモニア原子時計が完成しました。さらに、１９６６年には世界で3番目となる水素メーザー原子時計の開発に成功しています。

原子時計が早くから使われてきたのは、天文台などの標準時を運用する機関です。現在、世界の標準時（協定世界時＝ＵＴＣ）はフランス・パリにある国際度量衡局（ＢＩＰＭ）で決めていますが、世界各地の約70機関が保有している約４００台の原子時計と、約10台の原子周波数一次標準器の観測データをもとに運用されています。ただ、リアルタイムで作成するわけにはいかないので、正式な世界時は計測時点の1ヵ月後に発表されます。

一方、各国の標準時間はそれぞれの国が運用（実績では協定世界時との誤差は1億分の1秒から1000万分の1秒程度）していますが、リアルタイムで運用されなければ、社会に支障をきたしますので、日本では東京都小金井市にある国立研究開発法人・情報通信研究機構（NICT）がその任にあたっています。

NICTでは、約30台（常時18台を稼働）の原子時計と原子周波数一次標準器のデータと総合して、時々刻々の標準時を、標準電波や電話回線で発信していますが、絶えず、世界標準時や世界の主要原子周波数一次標準器の観測データをモニターし、微修正していま す。ちなみに、NICTが運用している日本標準時の2012～2013年の精度実績は、国際原子時に対してプラス・マイナス1億分の2秒以内に収まっており、世界でも7位以内のトップレベルを維持しています。

進む小型化――腕時計にも原子時計？

原子時計は、研究所の中で厳重に管理されているイメージが強いのですが、それは原子周波数一次標準器のことで、小型の原子時計の活躍の場は広がっています。

時計メーカーで、出荷する時計の時刻を合わせる親時計などに使用している原子時計の大きさは、セシウム原子時計で50センチメートル四方の棚に収まる程度で、重さは約30キログラム、水素メーザー原子時計で50キログラムほどです。ただ、研究所以外で使用している例は少なく、国内では販売数が限られるため、日本ではメーカーが事業をなかなか存続できないようです。

一般の人に役に立っているのがＧＰＳ（全地球測位システム）衛星に積まれた原子時計で、地球のどこにいても、現在位置が瞬時に分かりますので、船や飛行機の運航にも欠かせない道具になりました。

さらに、サイズをより小さくして、活用範囲を広げようという動きも活発化していきます。世界ではチップ型にしてサーバーやスマートフォンに搭載することや、腕時計に組み込むことを想定した小型化への挑戦が行われています。ただ、製造コストがまだ高いので、計測成果がそれなりの価値を持つ分野でなければ、普及は進まないでしょう。

しかし、米国国防省では、２０００年代前半からチップサイズの原子時計の研究が始められており、２０１１年には米国企業が産業用（容積16立方センチメートル）の販売を始めました。サイズを小型化できた要因は、サイズをとるマイクロ波共振器を使用しない仕組みを開発したことで、現在はまだ1立方センチメートル（電源部を除く）程度ですが、将来は、さらに小さくなることでしょう。

300億年間に1秒の誤差

原子時計の実用化によって、技術者の関心はさらなる高精度を目指していますが、1980年代からは、振動数のより高い原子を応用する研究が盛んになり、単一イオンやストロンチウムの採用や、照射する電磁波にマイクロ波よりも格段に周波数が高い400テラヘルツの光を用いるなどの取り組みが進められています。

本命視されていたのが、単一イオン光原子時計でした。絶対零度近くまで冷やした一つの荷電粒子を電極の間にトラップ（囲い込み）し、レーザー光を当てて遷移を促して共鳴するように光の周波数を調整します。

NICTは、カルシウムイオンを使った光原子時計を2008年に開発しましたが、精度は2×10^{-15}でした。その過程では、世界で初めてカルシウムイオンの共鳴周波数の測定に成功しました。ちなみに、直近での計測では、411兆4221億2977万6398・4±1・2ヘルツです。

しかし、この方式は、周波数の計測を原子一つずつ行うために、データを蓄積する時間が掛かるのが欠点でした。

そこで多数のストロンチウムを光の格子に閉じ込めて時間を測定する「光格子時計」が考え出されました。東京大学大学院工学系研究科の香取秀俊教授が２００１年の学会で発表したのが、レーザー光線でつくる１００万の格子に、ストロンチウムの原子を一つずつトラップして（**図5－7**）計測するアイディアです。これによって、これまで最高精度だった泉型セシウム原子時計よりも、さらに３桁も高い３００億年に１秒の誤差（精度10^{-18}）を実現する時計が現実になったのです。時計の「精度」は、もはや地球時間に止まらず、宇宙の時間に広がった感があります。

ところで、「光格子時計」は単一イオン光原子時計よりも桁違いに高い精度を得られるのですが、難問があり、時計には向いていないと考えられていました。

一つは、光格子時計では、原子のエネルギー準位を大きく変える作用（シュタルクシフト）が起こり、遷移周波数の変化が大きくなりすぎて測定が難しいということです。ちなみに、ＮＩＣＴで製作したストロンチウム光格子時計の共鳴周波数は、４２９兆２２８０億４２２万９８７３・９±１・４ヘルツになっています。

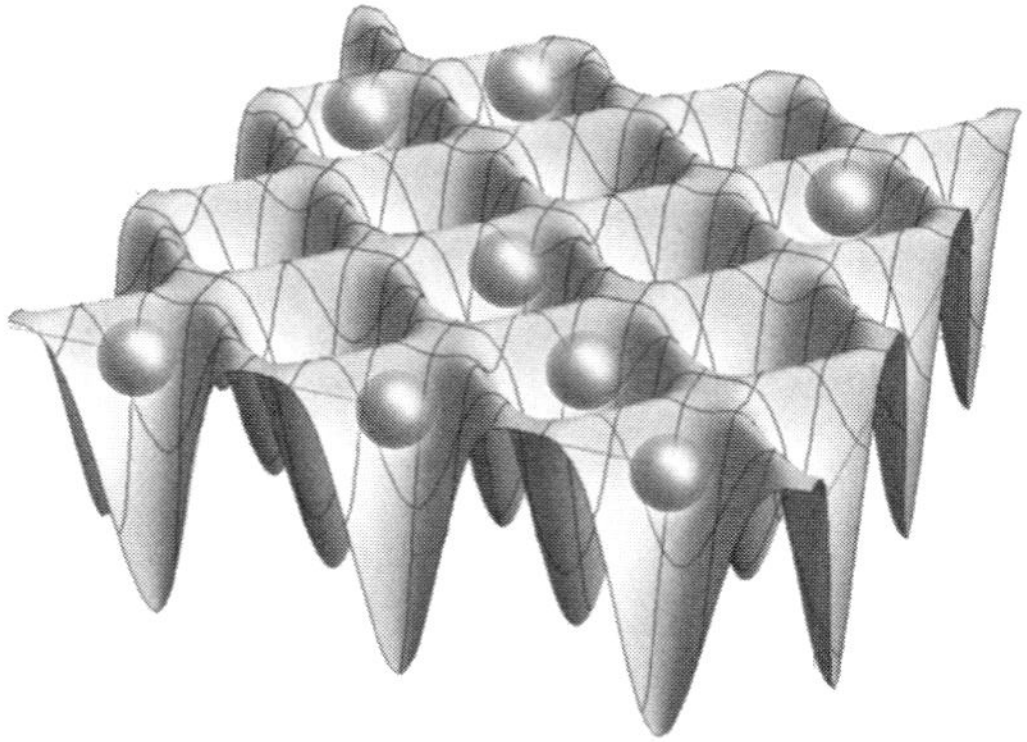

図5-7　香取教授が作った光格子時計（上）と、光格子の模式図（下）
複数本のレーザーの干渉によって、卵パックのような原子の容れ物（＝光格子）をつくり、原子がこの格子の中に一つずつ収まるように入れる。

もう一つの課題は、超高精度の測定を行うには、原子を静止させる必要がありますが、１００万個の原子を完全に静止させることは無理で、原子が動いてドップラー効果を引き起こし測定の妨げになるということです。さらに、閉じ込められることによって、原子のエネルギーが空間的に変化して、時間精度が低下することでした。

ところが香取教授は、原子の熱運動を小さくするために、レーザーを用いて原子を絶対零度に近い温度に冷却する「狭線幅レーザー冷却法」を開発して、課題をクリアしました。さらに、原子を共鳴させるために当てるレーザー光の中に、閉じ込めることによる影響を相殺する振動数（「魔法周波数」と呼ばれるようになった）があることを発見しました。香取教授は「狭線幅レーザー冷却法」と「魔法周波数」を併用して、これらの難題を解決したのです。

当初、学会でも冷ややかに見られていた香取教授の理論は、２００５年に試作機が発表されると、俄然、注目が高まり、現在では欧米に少なくとも、20の研究チームが存在します。

国内では、ＮＩＣＴも試作機をつくりましたが、10^{-18}の精度で時間測定するのに必要な時間は20分程度で済みます。また、産業技術総合研究所では、ストロンチウムの代わりに、

1秒間に約518兆回振動する電磁波を当てた時に共鳴するイッテルビウム原子を使っています。

時間以外の質量測定にも威力

300億年に1秒の誤差とは、どのような世界なのでしょうか。宇宙の歴史でさえ、まだ138億年ですから、人間の生活の中での誤差は、ほとんど無視できるレベルになります。しかし、これだけ高精度の時計があれば、新たな世界が見えてきます。

例えば、アインシュタインは相対性理論の中で、「時空の歪み」の存在を説きましたが、それを現実に立証できるのです。アインシュタインは、「重力の少ない方が、時間の進み方が速い」と主張していますので、高さの異なる所に置かれた2つの時計の時間の進み方は、厳密には異なるはずです。

そこで、2011年に東京大学とNICTがそれぞれ所有している光格子時計を光ファイバーで結び、立証実験を行いました。東大本郷キャンパス（文京区）とNICT（小金井市）の距離は24キロメートル、高度差は56メートルです。実際に振動数を照合してみると、10^{-15}までのレベルでは差は見られなかったのですが、小数点以下16桁で2・6ヘルツの差を測定できました。

18桁の精度を持つ光格子時計同士であれば、１センチメートルの高度差でも時計の時間差を計れるそうです。

また、２０１６年には、別の場所に置かれているストロンチウム光格子時計の時間差を照合することで、両方の時計の置かれている場所の高度差を測定する実験にも成功しました。東大本郷キャンパスの１台と理化学研究所（埼玉県和光市）の２台の時計を光ファイバーでつなぎ（直線距離約15キロメートル）、データを照合したところ、理研２台の振動数は10^{-18}の単位で一致しましたが、東大の時計は１６５２・９×10^{-18}だけゆっくり振動したことから、２地点の標高差は１５１６センチメートルと算定されました。この結果は、国土地理院が行っている水準測量の値と5センチメートルしか異なりません。

しかも、水準測量でのデータは、長距離区間になると、短距離区間の測定データをつなぎ合わせるために累積誤差が生ずる可能性があるため、長距離地点間の測定には、光格子時計によるネットワークを活用した測定の方が、優れていると言えます。

「時間」は「時を計る」ことだけではなくなり、「時間精度」は単なる「時間の誤差」を表示する意味ではなくなりました。

高精度時計が変えた「時」の概念

本著で歴史をなぞってきたように、時計はこの半世紀で急激に進化をしました。腕時計の開発が人々の生活を変え、高精度時計が社会を変え、原子時計が地球時間の誤差を指摘して「時間」そのものの定義を変えました。そして、光格子時計の登場で、再度「秒」の定義が変わりそうです。2012年に開催されたメートル条約会議で、日本が開発したイッテルビウム原子を用いた原子時計が、新しい「秒」の定義の候補（秒の二次表現）に採択されたからです。

同時に、この技術的進化は人々の既成概念に、新たな課題を提起しています。一つは、「時刻」と「時間」の『時』が一致しなくなったことです。標準的な国語辞典によれば、「時刻」とは「時の流れの、ある一瞬」であり、「時間」とは「ある時刻と他の時刻との間」（『岩波国語辞典』）です。ということは、「A時刻に所要時間を足せば、必ずB時刻になる」はずなのですが、「うるう秒」の新設によって、必ずしもB時刻にならなくなったのです。

天文学上の「時刻」は、天体の運行における地球の自転角度（向き）を表しています。

太陽が真南にある時が正午で、15度ずれると世界の標準時では１時間の差となります。一方、当初の１秒の長さは、天文学者たちが慣習的に使用していた「１平均太陽日の８万６４００分の１」でした。

しかし、１９６７年には新たに「原子秒」の概念が導入され、１秒の定義は、「セシウム１３３の原子の基底状態の２つの超微細構造準位の間の遷移に対応する放射の91億９２６３万１７７０周期の継続時間」、つまり「セシウム原子が最も正確、最大の振動を発揮する環境下で、約92億回振動する時間を１秒」とすることになったのです。

時刻は天体運動、時間は物理科学に分離し、その後の人類は、自然の時間に基づく「時刻」と、人工の時間で決まる「時間」との隙間をいかに埋めるかに知恵を絞ってきました。

最初の試みは英国と米国の取り決めでした。英国国立物理研究所と、グリニッジ天文台、米国標準局、米国海軍研究所、米国海軍天文台が集まって決定され、１９６１年に導入されました。同年１月に実施された最初の１秒は10億分の５秒長くなり、８月最初の１秒は０・９５秒に切り詰められ、地球時間から遅れ過ぎるのを防いだのです。

しかし、決め方が公正さに欠けるというだけでなく、実際に標準時間を10億分の５秒もの単位で長くしたり、短くすることは困難で、原子時計の調整に負荷が大きいとフランスなどから反発が起き、「時間の延び縮み」を1秒単位にまとめて行う「うるう秒」による調整が1972年から始まったのです。これが協定世界時（UTC）です。

実際の管理は、フランスで行われています。「原子時」による時間管理は、国際度量衡局（BIPM）が担当しており、世界各地で運用されている400台以上の原子時計の観測データが集められて照合の上、精度ランクや実績を加味して世界の公式時刻を決定します。一方、世界の主要天文台が観測する太陽や恒星の南中時刻のデータは国際地球回転観測事業（IERS）に集められ、照合・整理のあと、地球時刻が確定しますが、原子時計との差が0・9秒以上になりそうな状況が明確になると、「うるう秒」での調整指示をBIPMに出します。

「うるう秒」も回数を重ねることで、社会の対応も進んできました。放送局や電話時報を発信するNTTなどで使われている設備時計では、調整のための専用プログラムがあらかじめ組み込まれています。直前の100秒間に100分の1秒ずつを調整し、正時でピタリと合うようになっています。しかし、株の取引を行う東京証券取引所は2時間（7200秒）、貴金属や資源などを扱う東京商品取引所は、1分ごとに8ミリ秒を遅らせて12

５分をかけて調整します。

ところが、最近は時計機能を内蔵した電子機器が多く、接続されたコンピューター間での同期の誤差が問題になります。現に、２０１２年に「うるう秒」を挿入した時には、豪州の航空会社のシステムが異常をきたし、数時間にわたって飛行機の運航が乱れました。無用な混乱を避けるため、取引を30分停止する（ニューヨーク商品取引所）、システムの運用を15分停止する（気象庁・緊急地震速報）例もあります。

このような状況から、「うるう秒」のマイナス面が指摘されるようになってきました。「うるう秒」の調整によるメリットがあまりない半面、修正作業が煩雑なためにコストがかかり、修正を誤った場合のマイナス効果が大きいとの意見です。

そこで、１９９９年頃から、「高度なコンピューター社会で、自然時間に人為的な秒を挿入するのは間違いを生む要因になるので、廃止すべき」（米国）など、運用の見直しを求める声が出てきたため、２０００年に国連の専門機関国際電気通信連合（ＩＴＵ）は世界無線通信会議（ＷＲＣ、総会は4年ごとに開催）に、議論の場として特別研究班を設置しました。

２００4年、２００8年の会議では、「うるう秒」の実施の頻度を減らそうという考えが脚光を浴びました。「まとめて約50年ごとに『うるう分』で調整すべき」、あるいは『うるう時』に達するまで調整を放置する」との案ですが、「根本的解決にはならない」との反論が強まりました。「うるう秒」は1972年の開始以来、2015年末までの44年間に26回加えられていることから、50年間をまとめると、30秒程度、廃止されると、600〜700年後の遅れは30分〜1時間になる見込みです。

2012年に開催された会議（WRC-12）では総会に「廃止案」がかけられ、米国、日本、フランスなどが賛成し、英国、カナダ、中国は「存続に問題はない」「調整しないとズレが問題を引き起こす」「調整の手間は、さらなる自動化で克服できる」と存続を主張した一方で、新興国の中には議論そのものの意義が理解できないとの国も多く、検討は研究班に差し戻されました。

2015年に開催された会議（WRC-15）では、中国が廃止賛成に回り、オーストラリア、韓国も賛成しましたが、英国、ロシア、アラブ6ヵ国は廃止に反対をしました。そのため、会議の結論としては、「うるう秒」を廃止して新たな連続時系を導入することと、その影響については、さらなる研究が必要で、その検討結果をもって2023年のWRCで決定することになっています。

人工の時間である時計の精度が高まれば高まるほど、自然を基調にした地球時刻との乖離は増すことになります。「うるう秒」を巡る議論は、「時刻と時間の乖離をどう埋めるか」という前提に立っている限り、対立は収まりそうにありません。むしろ、異次元になってしまった「時刻」と「時間」の定義を、「どうやって同じ次元に設定するか」を議論した方が、建設的な道が見えそうです。

二つ目の課題は、時間の単位が、いつまでも「六十進法・十二進法」で良いのかと言うことです。大昔から、時間の単位は、「特殊」でした。天体や空間との関連が深いからで、度量衡の世界では「特殊な存在」でした。科学的単位ではあるものの、哲学的要素も重視されていたからです。しかし、時計技術の発達で「時間」の位置づけは、大きく変わりました。特殊ではなく、他の度量衡の基礎単位に広く採用されるようになってきました。

近年の度量衡の定義では、モノで使わずに、物理定数で決めるのが主流になりつつあり、時間（秒）は、７つの基本単位に組み込まれています。すでに、長さの単位は「光が進む時間」で規定されていますが、２０１８年の国際定義の大幅見直しには、温度などの定義にも関与することになりそうです。そうした場合に、メートル法で十進法が標準になっている度量衡の世界で「六十進法・十二進法」は障壁になるのではないでしょうか。IT時代に、コンピューターに余分な負担を1手間かけることは、プログラムを複雑化し、演算のスピードを落とします。

また、「六十進法・十二進法」の時間で、補助単位は十進法なのもおかしなことです。100メートル走で10秒30は10秒1／2ではなく、10秒3／10なのです。もっとも、昔は補助単位を使うことは稀でした。19世紀後半まで、1秒未満が問題になる世界は一般人にはスポーツ以外になかったわけですし、計れる時計はほとんどありませんでした。

ところが、電子、コンピューター時代になって、秒以下の世界は急速に広がっています。分野によっては、秒以下の補助単位だけでのデータをやり取りすることも日常的です。

このような状況に鑑みると、時間の単位がこのままで存続するのは、難しいように思えます。時計技術の進化は、『時』そのものの大きな課題を引き出したようです。

コラム5　日本では関心が薄いサマータイム

「サマータイム」とは、日照時間の長い夏の間だけ国の標準時を進める制度で、欧州ではサマータイム、米国ではデイライト・セイビング・タイム（ＤＳＴ）と呼ばれています。

世界では七十数ヵ国で実施され、ＯＥＣＤ（経済協力開発機構）加盟国で実施していない国は日本、韓国、アイスランドくらいと、世界ではメジャーな制度です。日本ではエネルギー危機が報じられるたびに導入案が浮上し、何度も国会に法案が提出されながらも成立には至らず、実施のメドもありません。それでも国民の間には、わだかまりが残らないのは、日本人はサマータイムにクールな立場にいるからのようです。

サマータイムのアイディアを最初に考えついたのは英国でした。建築業者のウィリアム・ウィレットの「日照時間の少ない英国で、夏場により多くの太陽の光を浴びれば病気にかかることも減り、国民の健康も増進される」という純粋な考えが発端でした。ウィレットは、１９０８年に議会に「夏場の太陽を十分に浴びて国民の健康増進を図るとともに、照明費用の節約」を目的とした『システム・オブ・デイライト・セイビング』法案を提出したのですが、欧州大陸との交通の混乱や米国との経済取引への支障を恐れた議員たちの反対に遭って成立しませんでした。

このアイディアをちゃっかりと借用したのが第一次大戦下のドイツで、「労働時間を延ばして軍需物資の生産を増やす」ために導入し、同盟国のオーストリアも従いました。あわてた英国は、同法案を復活させて可決し、1916年から実施しています。

一方のドイツは戦争の終結によって廃止をしましたが、フランス、デンマーク、スウェーデン、ノルウェー、ポルトガルが英国と同じく1916年から、アイルランド、ウクライナ、ロシア連邦が1917年から導入しました。

米国では1918年から、戦争になる度に省エネを目的にサマータイム（DST）が実施されたのですが、定着はしませんでした。DSTには戦争のイメージが色濃く付きまとい国民から疎んじられたことと、その後に各州や各郡が標準時を自由に設定できるローカルタイムの時代を迎えたためです。

米国でサマータイムに好意を寄せたのは、自然とは切り離された生活を送り始めた都市生活者で、農業・牧畜業を本業にしている人々には、マイナス要素も数多く予想されました。しかし、1920年に、米国では歴史上初めて都市生活者の人口が農村人口を上回り、サマータイム賛成派が勢いを得ました。

さらに、ローカルタイムの乱立に悲鳴を上げていた鉄道会社や航空会社からの強い要望で本土を４つの標準時に分割すること、ＤＳＴを採用することを骨子とした統一時間行動議案（ユニフォーム・タイム・アクト）を１９６７年に可決し、サマータイムが制度化されました。

欧米の主要国で本格的に普及したのは１９６０〜１９７０年代です。導入の理由としては、「エネルギー・化石燃料の節約」「近隣諸国との調和」「経済対策」「明るい時間」「夕食後の時間をレジャーなどに」「交通事故の減少」が挙がっています。

世界地図で実施状況をみると、実施していない国は赤道に近い国々やアフリカ諸国に集中しています。国として実施していながらも、米国のアリゾナ、ハワイ州、カナダのサスカチェワン州やオーストラリアの西半分の地域は実施していません。アリゾナ、ハワイ州は赤道に近いので季節による日照の差が少ないとの理由ですが、他の地域での理由は牧畜業が多く、「牛はサマータイムが分からない」からだそうです。

ちなみに米国では、エネルギー危機のたびに、実施期間が広がり、今では3月第2日曜日から11月第1日曜日までの約８ヵ月になったので、むしろ「ウインタータイム」の期間の方がマイナーになっています。

一方、定着しなかった例も多くあります。隣の韓国では、1988年のソウル・オリンピックの時に多額の負担をした米テレビ局が組織委員会に圧力をかけ、競技時間を米国のゴールデンアワーに近づけるための方策として無理やり持ち込んだのですが、国民の支持が得られず、2年後には廃止されてしまいました。

廃止された国は、ロシア、チュニジア、スーダン、コスタリカ、ラオス、モロッコ、アルゼンチン、コロンビア、ウルグアイ、リビアなど中南米やアフリカ北部などが多いのですが、赤道に近い国は季節による日照の変化が小さく、効果が少ないのです。

自然の摂理とサマータイムの関係については、各地で指摘が多く、さまざまな激論が闘わされています。オランダでは、人間に対する影響を継続的に研究し、EU全体としても4年に一度検討が加えられています。また、ドイツでは、慎重を期するために牛を1週間程度かけて徐々に慣らす工夫を行っていますが、放牧を行う酪農や観賞用植物の栽培にはむしろ好都合との報告もあります。

ところで、日本での反対意見の多くは、戦後の1948年から4年間に「夏時刻法」を体験したときのマイナスイメージが残っているからです。米国の占領下にあって、連合軍総司令部（GHQ）が本国の制度をそのまま日本に導入したのですが、経験した世代に感想を聞くと、主婦は「早起きを強制されるために寝不足気味になった」、勤労者は「労働時間が長くなってつらかった」など、異口同音の悪評を聞くことになります。そのため、１９５１年の世論調査で反対が53％にも達したことを受けて１９５２年に廃止されました。

しかし、経済界には導入による経済波及効果に期待する声もあります。勤労者が仕事を早く切り上げたり、日没までにアウトドア活動を楽しむなど消費が増えることで、名目個人消費を０・３パーセント、名目国内総生産（ＧＤＰ）を０・３パーセント押し上げる効果がある、との調査結果もあります。サマータイムが、「省エネ、地球環境保全、経済成長の三位一体で推進できる格好の制度」と称されるゆえんです。

日本でサマータイムを実施する方法には、標準時そのものを一時間早める案と、標準時の子午線を夏の間だけ東経１５０度に移動（択捉島の東）させる案が考えられています。東日本では実施によって生活時間が自然時間に近づくメリットがありますが、西日本では逆に差が拡大するなど、サマータイムの導入は標準時と地方時との乖離を地域によって拡大する問題点も指摘されています。

いずれにせよ、季節ごとの日照時間に大きな差のある日本で導入の議論が今一つ盛り上がらないのは、不思議議です。

あとがき

時計の歴史をひも解くと、過去の時計産業は時代の「最先端産業」であり、極めて有能な技術者が人類最高の知恵で考え抜いた発明が積み重なって、今日の姿に到達したことが分かります。

それは、ギリシャ哲学の巨匠であるプラトンが特徴ある水時計を製作し、天才発明家のガリレオ・ガリレイが振り子時計の基本となる「振り子の等時性」の原理を発見したことにも象徴されます。一方で、天才だったガリレオがいくら英知を絞っても振り子「時計」はできず、後のホイヘンスが小さな工夫を加えたことで、「時計」が完成したのは、技術の積み重ねが功を奏した典型例です。

その後も、多くの優秀な職人や技術者が時計に取り組み、本文で記述したように画期的な技術を発明したのですが、技術者の名前は忘れられ、結果の技術だけが伝承されたケースも多いのは、申し訳ないことです。

時計のメカニズムを習得し、時計の形につくり上げることのできる職人は、時計師と呼ばれました。中世の欧州では、錠前職人が副業として時計をつくり始め、やがて時計職人になったケースが多いのですが、秀でた技能と企画力を持つ一流の時計師になるには、時間や暦の基礎知識だけでなく、物理や天文の知識も広く身につける必要がありました。

そのような時計師たちの中でも格別有名で時代の寵児となり、ブランド名になった時計師の例も散見できます。典型例がブレゲやブランパンです。特に、15歳で時計技術を身に着けたルイ・ブレゲは複雑時計の製作に長けただけでなく、発明は多岐にわたり、画期的なものが多かったのです。巻き上げヒゲ、トゥールビヨン機構、自動巻き機構、ブレゲ針（目立つように針の先端に穴を開けた針）などです。デザインの素養も素晴らしく、個性的なモデルを数多く生み出しました。しかも、その基本的デザインが、時代を超え、今日でも受け入れられているのは驚異的と言えます。

一方、日本の和時計の時計師たちの末路は不遇でした。日本では、江戸時代に不定時法の時刻制度が採られていたために、世界でも稀な「和時計」がつくられたことは記述した通りです。その範囲は、櫓時計、尺時計、枕時計、置き時計、香盤時計、線香時計、漏刻、日時計、印籠時計と広範にわたっていますので、従事していた職人の数も半端なレベルではなかったはずです。しかも、不定時法で時計を動かすには、英知を集めた独自の工夫や機構の発明が必要だったのです。つまり、和時計の時計師は、相当な技能と高度な知識を備えていたのです。繊維や木工産業が中心だった当時の日本で、時計以外に金属加工を行っていた職人は、鉄砲づくりや鍛冶屋くらいでした。

ところが、明治維新で明治5（1872）年に改暦（西欧の定時法が導入）されると、和時計は見向きもされなくなります。日本には、欧米からの時計がなだれ込み、欧米の時計を参考にした時計製造が、始められたのですが、それらの事業や製造に、和時計の時計師がかかわった痕跡はないだけでなく、時計師たちのその後の動向はつかめません。これは、時計業界でも謎になっていますので、機会があれば、痕跡を探してみたいと思いますが、多分、それぞれが他の分野に転身したものの、高度な技能を生かせないまま、新しい時代の波間に消えて行ってしまったのではないでしょうか。

唯一と言っても良いのですが、足跡が明確なのは、和時計の最高傑作と称される「萬年自鳴鐘」（国立科学博物館に展示）を製作した田中久重です。久重は、寛政11（1799）年に久留米のべっ甲細工師の家に生まれ、操り人形などをつくって人々を驚かせ、「からくり儀右衛門」などともてはやされていましたが、大坂や京都で機械工学、天文暦などを学び、消防ポンプ、無尽燈などの機械を発明する傍ら、からくり時計を製作しまし

す。

た。久重の名を天下に轟かせたのが、嘉永４（１８５１）年に完成した「萬年自鳴鐘」で「萬年自鳴鐘」は、１度ゼンマイを巻けば４００日（実際は75日程度）動き続けると言われた六角柱型の置き時計で、六面の文字盤には、天象儀、月齢、和（不定時法）時計、二十四節気、十二支、洋（定時法）時計、曜日の７つの機能を表示します。１０００点に及ぶ部品には、海外製部品の流用だけでなく、久重と弟子たちが手分けして作ったものが含まれています。改暦後の久重は時計から離れ、１８７３年に田中製作所を設立し、得意の機械技術を生かしてさまざまな製品を生み出しました（同社はその後、芝浦製作所と改称され、後の東芝の重電部門の前身になります）。

時代は大きく進み、時計が量産化されるようになると、時計師はめっきり少なくなりました。製造現場では、技能よりも技術が重視され、技術開発者、機械体の設計士、デザイナー、部品製造技術者、組立士などが分業化する仕組みに変わりました。それによって、時計の価格は安くなって、普及が進み、また組織で開発することで、クオーツ時計のような革新的技術をものにすることができました。

今、時計業界ではクオーツ時計が全盛ですが、一方で、どこのメーカーにも属さずに、

1人ですべての部品をつくって時計を完成させる「独立時計師」たちの製品が注目を集めています。精度はクオーツ時計並みとはいきませんが、世界に一つだけのデザイン、十分に手間をかけ、磨き上げられた時計には、量産品にはない温もりと味があります。そのため、有名時計師の昨品はびっくりするような価格でも、買い手がつくのです。ここでは、技術の高さよりも技能の高さ、独創性が評価されます。

時計には約5000年の歴史があり、外観はあまり変わりませんが、さまざまな価値観に支えられ、それぞれの時代に、新たな魅力が生まれているように思えます。この原稿を書きながら、長い歴史を振り返り、改めて時計の不思議な存在感を噛み締めました。

最後に、今回の企画を提案いただいた講談社の家中信幸さんを始め、取材や資料を提供いただいたすべての皆様に、改めて御礼を申し上げます。

2017年11月

著者

参考資料

【19頁1行から6行まで、52頁3行から12行まで】
ジャック・アタリ『時間の歴史』蔵持不三也訳、原書房、1986年
【28頁9行から12行まで、33頁14行から34頁13行まで】
エルンスト・ユンガー『砂時計の書』今村孝訳、講談社学術文庫、1990年
【38頁4行から39頁2行まで】
十亀好雄『ふしぎな花時計』青木書店、1996年
【41頁11行から15行まで】
アレグザンダー・ウォー『刺激的で、とびっきり面白い時間の話』空野羊訳、はまの出版、2001年
【43頁2行から45頁3行まで】
横山正「バロックの街かど」（横山正編『時計塔—都市の時を刻む』鹿島出版会、1986年に収録）
【56頁1行から4行まで、64頁8行から65頁6行まで】
小林敏夫『基礎時計読本 改訂増補版』グノモン社、1997年
【66頁8行から9行まで】
佐々木勝浩「精密天文振り子時計」（ワールドフォトプレス「世界の腕時計No.33」1998年に収録）
【71頁1行から8行まで、73頁8行から14行まで】
デーヴァ・ソベル『経度への挑戦』藤井留美訳、翔泳社、1997年
【112頁8行から113頁5行まで】
ディヴィット・M・ニコルソン「アメリカ鉄道時計物語」香山知子訳（ワールドフォトプレス「世界の腕時計No.2」1990年に収録）
【156頁4行から12行まで】
沼上幹『液晶ディスプレイの技術革新史』白桃書房、1999年
【原子時計について】
細川瑞彦「時、そしてし原子時計」2017年7月14日講演資料
国立研究開発法人情報通信研究機構 ＮＩＣＴ ＮＥＷＳ
吉村和昭・倉持内武・安居院猛『図解入門　よくわかる最新電波と周波数の基本と仕組み』秀和システム、2004年
【光格子時計について】
香取創造時空間プロジェクト　ホームページ
科学技術振興機構、東京大学大学院工学系研究科、理化学研究所、国土交通省国土地理院、先端光量子科学アライアンス共同プレスリリース「超高精度の『光格子時計』で標高差の測定に成功」（2016年8月16日発表）

〈ま行〉

〈や・ら・わ行〉

索引

N.D.C.535.2　238p　18cm

ブルーバックス　B-2041

時計《とけい》の科学《かがく》
人と時間の5000年の歴史

2017年12月20日　第１刷発行
2023年４月12日　第４刷発行

著者　織《お》田《だ》一朗《いちろう》
発行者　鈴木章一
発行所　株式会社講談社
〒112-8001 東京都文京区音羽2-12-21
電話　出版　03-5395-3524
販売　03-5395-4415
業務　03-5395-3615
印刷所　（本文印刷）株式会社ＫＰＳプロダクツ
（カバー表紙印刷）信毎書籍印刷株式会社
本文データ制作　講談社デジタル製作
製本所　株式会社国宝社

定価はカバーに表示してあります。

ISBN978−4−06−502041−8

発刊のことば

科学をあなたのポケットに

二十世紀最大の特色は、それが科学時代であるということです。科学は日に日に進歩を続け、止まるところを知りません。ひと昔前の夢物語もどんどん現実化しており、今やわれわれの生活のすべてが、科学によってゆり動かされているといっても過言ではないでしょう。

そのような背景を考えれば、学者や学生はもちろん、産業人も、セールスマンも、ジャーナリストも、家庭の主婦も、みんなが科学を知らなければ、時代の流れに逆らうことになるでしょう。

ブルーバックス発刊の意義と必然性はそこにあります。このシリーズは、読む人に科学的に物を考える習慣と、科学的に物を見る目を養っていただくことを最大の目標にしています。そのためには、単に原理や法則の解説に終始するのではなくて、政治や経済など、社会科学や人文科学にも関連させて、広い視野から問題を追究していきます。科学はむずかしいという先入観を改める表現と構成、それも類書にないブルーバックスの特色であると信じます。

一九六三年九月　野間省一